U0031914

心理師爸爸的

心手育嬰筆記

臨床心理師

林希陶 —— 著

新手父母

心理師爸爸的心手育嬰筆記 CONTENTS

Part I
男人育嬰篇

心理師爸爸的
心手育嬰筆記

CONTENTS

Part 3

實戰分享篇

心理師爸爸的
心手育嬰筆記

CONTENTS

不一樣卻值得參考的育嬰筆記

（姜忠信／政大心理學系暨心理學研究所教授）

　　印象裡，希陶是一位富有熱情的臨床心理師。看到他分享的著作與文章，就能發現他不只將心理學知識應用在工作，還樂於推廣。

　　這次，當他說因為育嬰有感，寫了一本書，來談七百多個日子以來的育嬰故事時，我第一時間，其實感到相當好奇：

　　到底會用怎麼樣的語言，來詮釋新手爸爸、專業心理師，特別還是雙胞胎家長，三個角色合一的育嬰筆記，好對讀者有所助益呢？

直到真正拜讀過內容之後，我才發現希陶確實在參與育嬰上，發揮了自身的特質與專長。他有著跟大部分新手父母一樣的疑問，卻有著不一樣的見解與處理方式。

從要不要生小孩，到小孩生下來後的哺乳、奶嘴、尿布及睡眠，甚至搭機旅遊、買新衣服、生長發育等，希陶和天底下所有的新手家長一樣，都無可避免在過程中奮戰，這當然也導致疲憊、正負向情緒交替與後續成就。

不一樣的是，希陶在身為新手父親時，同步以自身所學的臨床心理學專業，為他的育嬰記現身說法。他尤其強調以科學態度來檢視各方資訊的可信度。例如，閱讀重要、有根據的文獻資料，並整合消化後，提出他的見解。亦以他在臨床心理訓練的實務專業，提出知行合一的說明。

對他而言，這並非醫療從業人員才能執行，而是每位新手爸媽都應該有的態度，這將能讓育嬰路少走一點冤枉路。

在書中，希陶便引用美國一位具有公信力的生物統計學教授的建言，告訴一般人在閱讀網路流傳的文章時，應該要注意的地方（詳見P.088）。這對於新手爸媽，確實重要。網路資訊取得便利，愈容易被點閱的文字，不一定愈正確。做為新一代的新手家長，希陶將他的模式及專業資本，用通俗文字表現出來，讓所有的新手家長都能受惠。

另一個難得的地方，是書中提到嬰幼兒發展時期，有關發展遲緩及自閉症的問題。這是兒童臨床心理專業中重要的一環，有特別擔憂的家長，也可以在這本書中得到初步的答案。

美國教育家杜威（John Dewey）說：「教育即成長。成長的第一條件，是未成長的狀態」。天下父母心，特別是華人世界，家長總期待自己的小孩成龍成鳳、贏在起跑點。

　　不過，小孩在未成長的狀態中，本來就具能動性（編按：生物學術語，指能自發且獨立地移動）及潛力。不論父母、老師或任何人，只是引導他們走向成長道路的先行者。學習尊重每一個小孩的天性，才能讓他們在充分的經驗下成長。

混亂宇宙中的極佳特例

（鄭國威／PanSci 泛科學總編輯）

「生小孩」與「養小孩」這些事，說來跟創業好像有幾分相似。總要有這個想法，接著去執行，然後再慢慢地拉拔或教養。

不過，生養小孩與創業最大的不同點，或許是來自於社會結構的限制及驅動，以致大多數的創業故事都從男性視角出發，而大多數的育兒心法都是著重於女性的觀點。

這本《心理師爸爸的心手育嬰筆記》顯然是個特例，但卻是個非常棒、非常值得各位讀者花點時間來讀一讀的特例。

本書作者林希陶心理師在關於育嬰育兒的萬種論述中，補上了不該缺少的父親及科學人視角，這些經過妥善消化後的經驗，絕對值得我推薦給每一位跟我一樣的新手爸媽。

在目前的臺灣社會，因為少子化與老齡化的關係，使得養育小孩這件事情，變得愈來愈「萬眾矚目」，已經很難像前幾代那樣，用「隨便養、隨便大」的心態來面對了。

只是資訊爆炸，加上生活與工作忙碌，著實讓很多的新手父母們倍感頭疼：

到底要聽「誰」的啊？

到底哪一些訊息才是對的呢？

平常遇到問題，習慣拜一拜 Google 大神。頂多看看前三個搜尋結果，心裡大抵就能有個基本概

念。然而，生了小孩之後，偶爾Google一下「小孩哪裡不對勁」，往往一連看到第三十幾頁，都還怕自己會不會漏掉了什麼重要訊息。

臉書與 LINE 上的各路人馬，又是另外一個混亂的宇宙。即便能撇開虛擬世界，現實生活中的親友、鄰居，甚至路人等，各式各樣嘈雜的育嬰育兒建議，再多的「謝謝指教」也抵擋不住。

雖然，我不是科學家，但身為以科學為基準的傳播工作者，並身兼新手爸爸的身分，對於科學知識「製程」的了解，讓我在面對蜂擁而至的育嬰育兒問題時，「比較」能夠保持鎮靜。可是，遇到某些棘手的狀況時，像是小孩發燒不退、長不高等，仍不免心裡焦急。

又或者，在沒有判斷各種育兒科學或偽科學消息，只是成天苦惱該給小孩吃什麼、喝什麼，或晚

上怎樣才能睡得好等，這些困惑都將形成難以想像的壓力。這時候，與其讓不確定的資訊干擾，不如聽聽林希陶心理師的建議，找一本「發展心理學」相關書籍來讀。

當然，還是建議各位讀者，不妨先把這本書細細讀過。另外，林希陶心理師在〈PanSci泛科學〉的專欄❶及他的個人部落格上，也有很多精彩的文章，值得參考。千萬不要錯過了！

---

❶ 林希陶心理師在〈PanSci泛科學〉的專欄，請參考
http://pansci.asia/archives/author/r89227005

歡迎爸爸們加入
比南極探險更刺激的育嬰旅程

（楊子霈／作者的老婆、高雄女中國文科教師）

懷雙胞胎時，聽到老公自告奮勇要請育嬰假，一開始我是疑喜相參的。

喜的是，老公有勇氣打破傳統的性別分工、毅然扛起育兒重任，讓我鬆了好大一口氣。

疑的是，毫無育嬰相關經驗（或專業）的他，真的有能力照顧兩個還在吃奶的小娃兒嗎？承受得了照顧工作的煩瑣與勞累嗎？

三年的時間，果然證明了我的多慮 ——

只要給男性多一點的包容和耐心，他們能做到的，一點也不遜於媽媽們。

雖然，爸爸們帶小孩的模式，肯定和媽媽們南轅北轍，比如飲食草率、穿著隨意、家務永遠只挑「不做生活就運轉不下去」的做……，曾經我也因此感到震驚或慍怒。但回過頭想，這大概是我自己太拘泥於「良母」或「主婦」的想像，才會覺得老公這裡不恰當、那裡不合格。

　　本來，我以為自己是拋開傳統束縛的新時代女性，後來才發現，根本沒有，我還是常被傳統包袱給限制住 —— 認為自己必然要如何、老公必然要如何……。其實，很多的「必然如何」，都沒這麼必要。以血肉之軀活在傳統的性別扮演中，很累人也很耗損人。

　　當男性勇於打破傳統，擔負起家中寶貝主要的照顧工作，甚至請育嬰假時，女性應該多給他們一些掌聲和支持，並協助抵擋社會壓力。

同時，記得鬆動自己的性別想像。

由爸爸來照顧小孩，或許不如媽媽細心周到，但是多了創意和幽默感的模式，也能提供小孩另外一種學習典範。

我們家的爸爸，還有一個更棒的地方，就是擁有兒童心理學的知識。

當我徬徨無助時，他總能以其專業指點迷津，於是舉凡哺乳、哄睡、小孩生病時的處置、吃奶嘴與否，他都有很科學、理性的建議和方法。

養育雙胞胎是無比艱辛的歷程，突破傳統性別分工，更是一條孤獨侷蹇的道路。

比起其他得一打二、孤軍奮戰的雙胞胎媽媽，我真的無比幸運，有願意負擔照顧工作、甚至做得比我更出色的另一半，共同分工。

回首育嬰點滴，再閱讀本書，我發現其中屢雜著笑聲和淚水、親身經驗和專業知識。**書中既有科學性的專業建議，又呈現難能可貴的男性育嬰經驗，非常值得新手父母閱讀。**尤其對於即將生育雙胞胎、或想請育嬰假的爸爸媽媽，都可以從中獲得非常寶貴的意見。

　　由衷希望更多的爸爸們，參與育嬰行列，這肯定比去南極探險或環遊世界更令人難忘，而且將讓人變得更柔軟、寬容、開放與自由。

把不可能變成可能的育嬰態度

坦白說，男人要請育嬰假，真不是件容易事。而我居然有幸請到近兩年的育嬰假（從二○一三年五月十三日至二○一五年四月三十日）！

一開始，對於父親這個角色，我也充滿困惑，感到不踏實。我知道自己不是傳統的那塊料：不會扳起臉孔、不會立下家規，連自己要拿根棍子，手都抖得要死，更遑論是打在小孩身上。

我也挺有自知之明，認為自己大概不會與常人眼中的「父親形象」相符合。即使大部分的人都不

相信我會帶小孩，甚至覺得我不會幫寶寶換尿布，我仍在得知妻子懷孕的第一時間，決定做一件與傳統父親形象反差極大的事——

請育嬰假，好好地經歷這一切。

關於我「請假帶小孩」的質疑，從來都沒有停過，就連太太都半信半疑。她覺得我不只是夢想過大，而且還脫離現實：怎麼在療養院上班久了，就機構化了，跟病人一樣失去現實感了呢？

從未停歇的懷疑浪潮，一波一波地打來，一波一波地侵蝕我的信心。

那時，我抱持的是姑且一試的心——

如果不願意懷有希望，直接放棄嘗試，我該如何自處、如何說服自己、如何運用自身專業，活生生體驗把「不可能變成可能」、把「逆境當成順

境」，證明在育嬰修羅場中，我的想法確實可行？要是因身旁眼光，只管揮一揮手、拒絕擔起育嬰工作，我的人生是否就會失去想像能力？

我把所剩無幾的信心壯大。暗自計畫，要把育嬰大小事，全寫下來：如何堅定自我心智、如何運用自己大腦，配合著自己的雙手，並務實地面對與克服育嬰時的種種艱難。

連我這個大男人，都可以順利負荷、帶養雙胞胎，這將代表大部分承受單一嬰兒的新手父母們，應該可以更愉快地勝任。

我擁有的只是這麼一丁點的機會，而能讓親子得以存活、往前踏出每一小步的話，那麼，諸位新手爸媽們的機會，肯定就比我大上許多。

我算是完成這一步了。即使路程跌跌撞撞，也把雙胞胎姐妹拉拔到三歲。

我之所以寫下這本育嬰筆記，最初的目的只是為了自我解答。自從成為雙胞胎的父親，多如牛毛的難題，常令我束手無策。

　　一開始，也曾經當起網路鄉民，使用搜尋引擎找出路。但一次又一次的尋找，網路文章的答案，已不足應付疑問產生的速度。因此，我轉向尋求正式書籍及研究論文，換個方式解除疑惑。

　　我嘗試在養育雙胞胎的空檔時刻，將這些資料慢慢閱讀，細細消化，寫成自己可以理解的文字，形成此書的雛形。資料無窮無盡，一本書的背後，還有千千萬萬本書；一篇可行的研究，還隱藏著千千萬萬篇研究。這本書所歸結出來的，只是暫時性結論。這只是開始，而非終結。

　　的確，也會遇到想放棄的時刻。一方面自己身體狀況不佳，常被小病小痛圍繞，一下子腳痛，一下子膝蓋痛，一下子又過敏。另一方面，發表文章

若論及國家政策，偶爾還會接到政府單位關切，希望我撤下文章。一來一往的折衝與解釋，不只形成巨大壓力，也耗費許多心神。

凡此種種，都會成為我停筆的原因。我只能在邊緣掙扎著，寫著自己的發現。

所有疑問不可能在一時間都找到合理解答。我只是盡可能地試，向知識之牆丟出一顆回力球，但也不曉得會不會順利彈回來。這是一個扣問的過程，而我將這個歷程一五一十地寫下。

育嬰時刻，固然有苦有甜。個人覺得最有趣的地方，在於親身感受小娃們的成長。有天，洗完澡出來，姐姐突然問我，「爸爸，你是『衰』哥嗎」，我只好回答，「爸爸並不『衰』，只是哥」。

她們正以飛快速度，進化到我無法想像的世界裡。有次我在泡奶，姐姐突然說，「爸爸，奶粉快

沒了，你要記得去買奶粉」。奶粉確實只剩下手上這一罐，她全部看在眼裡。或許，這些劃過黑夜的小流星，正是新手父母們少見的救贖。

我相信成為父母是一條漫長的路，我們經常煢煢獨行。**這本書是我在嘗試了三年之後，所集結而成的筆記，希望可以讓惶惑的新手父母們，看了之後，獲得一些些安心的感覺。**

最後，感謝新手父母出版社的小鈴總編慧眼獨具，願意出版這本書。也謝謝主編雯琪、編輯意琪的細心協助及叮嚀，才讓此書順利上市。

當然，多虧不斷鼓勵我的梁培勇老師及讓全臺灣父母最安心的許正典醫師，一聽到我要出書的消息，毫不猶豫地推薦，令我銘感五內。賜序的忠信學長及國威總編，感激您們在時間壓力之下仍妙筆生花，以專業立場推薦本書，使我刻骨銘心。

最後的最後，感謝親愛的妻子與可愛的雙胞胎，妳們的存在，妳們的一舉一動，都成為這本書的題材。沒有妳們，這本書不可能成行。雖然我是一個不成材的先生與父親，沒辦法給妳們優渥的物質生活，但我會永遠記得這段甜蜜的日子。

雙胞胎能平安長大,對我而言就是最大的鼓勵與安慰。育嬰過程的苦,都因為親身感受到小孩的成長而煙消雲散了。

學當爸爸，就能充滿帶大孩子的自信

「到底要不要生養小孩？」

這是現代很多年輕人的迷惘。而身為「六年級生」的我，也曾經面臨這種必須下決定的時刻。

以我這個世代的年紀，目前大約落在三十七歲到四十六歲之間。大部分的人，人生的方向大抵確定，工作多多少少也有眉目。

有的人結婚了三、五年，有的人剛步入婚姻生活，有的人還在尋覓對象。不論如何，總會遇到一個共通的課題：到底要不要生養小孩？

想生，再不生，我們也將面臨時間默默的壓力，逐漸步入中年生活。

這樣的景況，很像我先前讀過、一位年輕作家的體悟——「這是最後的點餐時刻」。生與不生，好比限時餐廳最後一次可以點餐的機會，再不做決定，就會錯過人生的風景一般。

以上，也許誇大了決定的重要性。畢竟，在現今醫學技術如此進步之下，什麼時間點受孕、生育，似乎算不上問題。自己懷不了的，還有新臺幣可以幫忙。如先前某富家子弟，一口氣生出三個小孩，就是仰賴生殖科技與代理孕母。在這樣的時代，我們還能說有什麼是不可能的事呢？

但是，到底是「要生」？還是「不要生」？

沒錯，這確實很難抉擇。

我認為，最要緊的是要擁有健康的心態。與另外一半商量並決定要懷孕之後，除了努力做人、看看相關書籍、問問已有育兒經驗的親朋好友之外，

最重要的，還得在小孩出生後，秉持開放的態度、彈性面對所有的育兒狀況。

請記住，每一個小孩都是獨一無二的，別人覺得有用的方法與妙招，用在某一些小孩身上，可能完全沒有任何用處。而且根據我的經驗，嬰孩們也經常不會照書上所說的發展，比如一個月時會做些什麼、兩個月時應該怎樣等。

有一些小孩，能力就是會超前，有一些小孩，能力就是落後。落後是為了超前，蹲下是為了跳起。小落後根本微不足道，父母不用過度擔憂。

以我們夫妻而言，擁有這對同卵雙胞胎，完全是老天決定、大出意料。我們從未思考過雙胞胎這個選項。原本想的是，先生一個就好。畢竟，養育一個小孩，也不是件容易的事，先好好照顧好一個，要不要老二就再說。

加上家裡的空間算小，生養一個小孩差不多。誰知道初期產檢時，超音波一掃，出現了兩個心跳，送子鳥一次就送來兩個。產檢醫師還很興奮，就像抽中大獎一般。

　　對於我們，這完全是全新體驗。回想過去的生活經驗，對「雙胞胎」是很陌生的。走在路上很少遇過雙胞胎、吃飯也沒吃過雙黃蛋，何況是現在必須自己生、自己養。

　　老實說，剛聽到這個消息時，我們完全沒有概念：「一次生兩個，到底是什麼狀況啊？」

　　天外就是飛來這一筆，自己算也沒個準兒。不過，這也很難準備與預測就是了。根據統計，一次就要抽中籤王（不只是懷上雙胞胎，還要是同卵）的機率大約只有千分之一。這是自然懷孕本來就有的驚喜與變異。

後來，跟一些親朋好友聊起，才知道父母那一代懷上雙胞胎，更是辛苦。以前產檢的過程，很少使用超音波，很多人是直到小孩出生那一刻，才知道懷了雙胞胎：

「醫生啊，怎麼我的肚子還是這麼大啊，而且還有想生的感覺耶！」

『喔，我來幫妳看看。是要再生沒有錯，因為，肚子裡還有一個啊——』

妻子常會開玩笑地說，「生雙胞胎是增額錄取」。因為超過我們預定的錄取名額，被迫要一次接受兩個小孩。

我想，閻羅王大概是覺得我們的生活過得還算不錯，多送一個到府，應該不成問題。所以，大筆一揮，免費奉送。

長久看來，育嬰的生活並無所謂好或壞，有時候快樂，有時候也會抱怨。就是找到一個平衡點，每個人、每個家庭，都慢慢地往那個點前進。

　　我在這裡所能說的，只是：擁有小孩的人生，確實有不同的樂趣和苦難。

從不敢相信居然抽中「籤王」，到成了
全職爸爸。我在手忙腳亂中，逐漸擁有
當爸爸的自信。有時候，她們還是樂於
接受我的控制，照片中的姐妹，正在跳
鄭多燕呢！

Part 1
男人育嬰
篇

沒有這些力量，千萬不要輕易嘗試？
男人使用「育嬰假」的先決條件

依《性別工作平等法》規定，育嬰假（育嬰留職停薪）是工作權利之一，符合：①在公司任職滿六個月、②受撫育小孩未滿三歲、③配偶同樣在職中，在職爸爸或媽媽都可向公司提出申請。

但以臺灣的社會風氣，男人想請育嬰假，坦白說，不容易。沒以下條件支持，千萬別輕易嘗試，且聽我娓娓道來，就知道這三件事有多重要。

▌條件1：強大的自我與另一半的支持

首先，要向工作單位說明，「現代已經逐漸步入兩性平權，男人也該負擔育嬰責任」。

畢竟，臺灣法令常是，規定很嚴格，但是實際執行時卻有明顯差距。有些雇主便是看準政府執行不力，即使公司違法不准假，相關單位要是無動於衷，勞工也無可奈何。

　　假設工作機構佛心來著，准了育嬰假，接下來就要「回到自己部門，與主管、同事懇談一番」。因為一旦請假，就是少個人工作，顯而易見，其他同事的工作量隨之增加（雖然，有時會應徵職務代理人，但這類臨時職位，不補新人的情況常常有）。當然，不同公司本來就有不同的狀況，遇到長官們能有智慧的管理與調整，自然不會怨聲載道。

　　我是在醫院工作，算是「人頭制」，多一個人頭，就可以多承擔很多的事情。在這樣的工作環境之下，我還能順利請到育嬰假，只能說不只運氣不錯，還加上同事和藹可親、將心比心，願意承受種種缺少一人的不便。

我也知道，很多私人企業是不太容許員工請育嬰假的（並不限於男性或女性）。有時候，遞出申請可能會通過，但往往擺明請假期滿之後，你就不得不離職了。如果聽說公司有此先例，建議請假前務必三思，仔細衡量才行。

　　即便勞動部一再向人民宣導，如有不當解雇之情事，可向各縣市政府勞工局申訴。但是真發生相關情事，是否能走到申訴那一步，或申訴後的結果是否如法律所示，確實有很大的疑慮。

　　於公的部分，大約如以上所述。國家政策、公司文化皆非一朝一夕就可以改變，我們只能盡可能在現況的夾縫中求生存。

　　於私的部分，男人請育嬰假的最大困難點在於社會壓力。臺灣對於性別角色的分工非常刻板、傳統。男人在家顧小孩，好像犯了什麼滔天大罪，直

接地指點肯定少不了（不是暗地裡小聲講，而是直接就來一頓轟炸）。一大堆長輩、親戚、左鄰右舍肯定存疑「一個大男人，真的知道怎麼帶小孩嗎」。然後，連番質問「什麼時候要回去上班啊」。

假如老婆大人沒能即時美言兩三句，無情的砲火大概就跟「八二三砲戰」沒兩樣，而你卻只能陪笑、打哈哈（雖然沒有正面反擊，但內心深處是很想給對方兩拳的）。

姑且不論這些充滿偏見的言語，連我剛送小孩去托嬰中心時，一推開門、走進去，現場的人無不對我行注目禮。他們眼神流露出「居然有年輕爸爸來接送小孩」的疑惑。大部分人也許認為，這應該是媽媽，或上年紀的阿公阿嬤在做的事。

由此可見，**男人要請育嬰假，強大的自我絕對必要**。用成熟的態度才能應付冷嘲熱諷，及面對過度關心的眼光與話語。

當然，不能缺的還有妻子無條件的愛與支持。夫妻之間的合作、扶持與溝通等，往往會成為強化彼此能力的重要過程。

在與另一半間的討論，我相信，每一對夫妻都有自己的一套模式，在這裡，我無法提供完美、人人適用的答案與方法。但我建議**夫妻討論事情時，「肩併肩」的態度，遠遠勝過「面對面」**。

「肩併肩」時，與另一半是站在同樣的角度，看見共同的目標與生活，彼此心裡對於「應該怎麼做」，自然會逐漸明白，分歧的狀況也會比較少。若是採「面對面」的方式，夫妻兩人只看到自己的目標，甚至，可能會放大對方的缺點，因而完全忘記兩人共同生活的理念到底為何。

至於，其他親戚、長輩的認同則可有可無，因為很多人的觀念就是傳統守舊，這是很難在彼此見面的短時間內就可以改變。

條件2：要確保經濟無虞

很多人一聽到男人要請育嬰假，直覺反應是：「家庭經濟怎麼辦，難道要靠老婆養嗎？」

每個家庭對於財務的規劃不盡相同，對於生活的儉奢態度也不一樣。我當然盤算過自己可以接受的模式，要讓一家四口順利過活，生活與經濟水平以中人以上即可。

像我們家抽中上上籤，一次就來了兩個小孩，家計怎能不好好安排與規劃。所以，**我在決定請假之前，就根據過往的消費習慣與態度，預先存了一筆錢。在完全沒有薪資收入的前提下，這一筆錢讓我們全家過完三年，應該不成問題。**

老實說，直到小孩滿三個月，這筆錢還未動用到半毛，因為除了薪資，我還有其他打獵入帳，如演講鐘點費、版稅及勞動部的育嬰津貼等。

▎條件3：願意學習帶養嬰孩的知識

　　人的能力與狀況都不同，也不是所有的新手爸爸都願意停下來學習「如何育兒（嬰）」。記得太太還住在坐月子中心時，我們就遇過一位連抱小孩都不敢的父親，在他的認知裡，嬰兒的脖子很軟，深怕不小心就會弄傷小孩，那個時候，他的小孩已經出生兩週了，他卻從未抱過。

　　在面對嬰幼兒時，預期可能會產生巨大的困難與障礙，那就得更用心尋找其他適合自己的教養與育兒方式。沒有請育嬰假，不代表不愛小孩。每個人都可以無止盡地學習與成長，進而找到最適合自己的方法，來關愛自己的小孩。

　　我評估過自己的狀態，覺得自己喜歡挑戰，帶養嬰兒對於我而言，應該是種樂趣。因為我想了解如何面對哭鬧的小孩、如何得知嬰兒的發展。我曉得，我懂的有限，但我很願意嘗試不同的路徑。

這條路，當然也會有挫折與不滿。記得小孩要從坐月子中心抱回家的前幾天，我還做過一個無稽的夢。在夢裡，一覺醒來後，老婆居然連夜跑了，只剩下我與兩個嬰兒。請育嬰假、在家照顧一對雙胞胎，大部分的時間就真的「美夢成真」，剩下我跟兩個嬰兒，只能一打二，沒有任何協助與援手。一旦兩個娃兒同時哭起來要奶吃，我也只能讓她們忍耐、等待與排隊。

直到現在，我還是不斷地訓練自己一打二的能力，即使現實生活中真的完全沒有幫手，我跟兩小孩還是可以好好地生活下去。

請假育嬰是我自己的選擇。這也許是一條充滿荊棘的路，但我願意空出這一段無價的人生時光，紮紮實實與兩個小娃兒走過這一遭。

請育嬰假的人，就比上班的人輕鬆？

育嬰假開啟了全年無休的永晝

　　秋高氣爽的時節，美景當前，自在愜意，誰能不愛「天涼好個秋」。不過，**用「秋天」來形容育嬰假，還真的是不得不更正的謬誤。**

　　眾人對於育嬰假的最大誤解，就是認為「放假在家的人很輕鬆，可以盡情地休息，無事可幹」。我覺得，有這種想法的人，待在家裡時，肯定沒做過什麼事情，都是翹著腳在享福，永遠都可以達到「放假＝休息」。但家事並不會憑空消失，而是其他家人默默承擔下來罷了。

　　尤其像我們這些已經請假，卻在白天將小孩送到托嬰中心的家長，更常被問到這類問題。

我家情況特殊，因為生養了雙胞胎、白天又沒有其他人可以幫忙照顧，所以非得將小孩送到育嬰中心，才能覓得短暫時間，處理各式各樣的家務。等待處理的家務其實很微小，無法得到掌聲，也無法獲得薪資，更無人會頒發勳章。偶爾還得承受不太友善的疑問：

　　「咦？○○事怎麼還沒做好啊？」

　　「不是已經請假、小孩也送育嬰中心了嗎？」

　　這樣的聲音雖然不多，但不論有心無心，一句話大概就能擊垮處於水深火熱之中的當事人。提問的人恐怕都忘記了：

　　有熱水可以用，不是熱水瓶自動產生湧泉，而是要有人每天燒水倒進去；有乾淨的衣服可穿，不是舊衣服自己開洗衣機，自己掛在衣架上，然後再自己躺進衣櫃裡；有奶瓶奶嘴可用，不是它們自己

洗完，自動自發地放到消毒鍋裡烘乾的；能有乾淨的地板，也不是灰塵自動入袋，拖把自行運作；有電、有水、有電話、有網路、有瓦斯，是要有人去繳費或轉帳才能維繫。還有，收信、倒垃圾、資源回收……，更多微不足道的小事，都是因為有人默默在執行，才能維持一個家庭的基本生機。

以上所述只是家庭裡最初階工作。若要把中階進階也談個清楚，只會更加瑣碎複雜，如燈管的更換、各種機器組裝、嬰兒床組裝、減壓閥調整、排水孔清理、電腦修理、數位天線製作……，再把水電工、機械工都算進去的話，還真的要培養十八般武藝才玩得下去。

我把這些事情，都當成練功、修行。**很多事情根本很難單人完成，但老婆上班中，我確實只有一個人，所以還是要盡量想辦法克服與解決。**

以組裝嬰兒床當例子，各位讀者大概就比較能體會困難點在哪裡了。

　　買過嬰兒床的家長都知道，工廠直送到家都是一大箱，消費者得靠自己組裝。只是每個物件都重到令人想罵髒話，光是把「組裝原料」拆開、扶正，就得耗掉大半精力。接著，再讓它們腳是腳、頭是頭地各歸其位，還要頭痛一陣子。不過，我還是單兵作戰，讓嬰兒床組裝完成了。

　　若真要玩「荒島求生」，我應該有機會走到最後一關。**育嬰過程，難免有很多事情或突發狀況，我都想像成野外求生或生存遊戲的挑戰，極端訓練前葉功能。**這未嘗不是育嬰假中小小的樂趣。

　　很多人直覺是：這些事花錢也能解決。不要忘了，想花錢，也得找到合適人選，才能花得出去。不是錢放著、坐著等，這些事情就會一一完成。

閱讀到這裡，就明白「請育嬰假的人，哪裡輕鬆了」。連「育嬰」這件事都沒談到，光講這些不樂意面對的家事，就令人頭暈腦漲了。

　　上班中的人，願意停下腳步，思考育嬰的困難度，就能理解申請育嬰假的人，其實是自告奮勇下地獄去磨練（這不是區區育嬰津貼能彌補的）。

　　由此可證，育嬰假哪裡有秋天，它簡直是全年無休的永晝！

育嬰就是能讓人
衝破極限！

　　一開箱看到散落一地的嬰兒床「組裝原料」，我也呆了好幾秒，終究還是得「拼」下去。兩個小娃兒大概不知道她們的小天地，可是花費他老爸大半精力才有的啊。

育嬰像打仗，夫妻團結力量大！

爸爸參與育嬰，對家庭的實質助益

「一旦成為母親，花在小孩身上的時間肯定比父親長。」這既是一般人的刻板印象，也是科學調查後的結論。

經濟合作暨發展組織（OECD），在二〇一三年發表的研究報告中，統計一九九八至二〇一〇年期間十八個會員國[1]，父母親分別花多少時間在小孩的基礎照顧上。平均下來，父親每天約花 42 分鐘，母親則是 100 分鐘。

因此，小孩出生後，身為父親最應該要協助的部分，就是要想辦法拉長照顧小孩的時間，至少要達到每天70分鐘以上，夫妻才能平衡。尤其是現

今社會常見的雙薪家庭，與另一半均分家務及照顧小孩的責任，才是長久之計。

另外，在相同的報告中，亦同步整合了澳洲、丹麥、英國、美國等國家的長期研究，歸結出：**曾經申請過「育嬰假」的父親，往後比較願意投入孩童的照顧活動，對於小孩未來的認知及行為，也具有正面的影響[2]**。

這個後設研究，找到一些可供參考的證據。如父親投入育嬰的程度，與孩童的發展呈現正相關，甚至，在未來，小孩某些認知測驗的分數表現，也會比父親未投入育兒的家庭良好。

育嬰假結束、夫妻二人都回歸職場，如何協調與分配家事與育兒事，更是重要的課題。以我家為例，家事盡可能都讓機器取代。這樣一來，就可以省下大部分的時間，花在照顧小孩上。

小孩的照顧可粗略分為生活瑣事處理、社交或教育活動❸。夫妻雙方最好可以交替進行這兩大類活動，因為兩個人都做，就可以知道每一項活動的困難度。我是維持每項活動都有能力參與，允文允武，不管是洗澡、穿衣服、換尿布，或講故事、玩遊戲，都可以勝任愉快。此外，還要努力讓家庭生活保有一定的結構，這將協助各件事順利地進行，小孩也比較沒有討價還價的空間。

　　即使有些證據顯示，父親投入育嬰的程度與孩童行為問題的相關性較弱。但整體結果仍具有正面意義。總而言之，父親參與育兒，不只可減低性別刻板印象，也可促進兒童發展與福利。

① 包含奧地利、澳洲、美國、加拿大、瑞典、丹麥、挪威、英國、芬蘭、義大利、西班牙、波蘭、德國、斯洛維尼亞、比利時、愛沙尼亞、法國、日本。臺灣不是OECD會員國，不在調查名單中。

② 資料來源：

　1.http://www.oecd.org/officialdocuments/publicdisplaydocumentpdf/?cote=DELSA/ELSA/WD/SEM%282012%2911&docLanguage=En

　2.http://www.cw.com.tw/article/article.action?id=5067743

③ 「生活瑣事處理」包含日常生活照顧，如協助餵食、換尿布，或協助上廁所、上床睡覺、洗澡、穿衣、刷牙，或當小孩自己在玩時，協助看顧安全。「社交或教育活動」主要包含念書給小孩聽、與小孩討論每天在校發生的事、與小孩玩、與小孩共進晚餐等。

擁有彈性，才能面對每個嶄新的局面！

育嬰階段，爸媽的心情調適很重要

　　育嬰久了，自然會有一股煩悶之氣，尤其在小孩莫名其妙吵鬧時，更為增長。我雖然身為臨床心理師，專門協助處理人心理方面的問題，但我也是有感覺的正常人，仍會覺得沮喪、挫折、沒人支持。我知道，太太也承受相同的壓力。一旦兩人同時陷入心情的漩渦，家庭氣氛也容易陷入冰點。

　　遇到這種情境，心情的調適就變得格外重要。**如果不設法調適，長期下去就容易演變成耗竭狀態（exhaust），因而讓自己、小孩與另一半間的關係陷入危險境界。**不願面對、不去處理的話，夫妻之間就容易進入崩解的狀態。

人就是人，要做到無怨無悔、無私奉獻確實是很困難的。埋怨好比腳上繫了顆大石頭，跳下海之後，只會無限下沉，即使很小的困境也被會無端擴大，無事生非。有時候，**我們夫妻倆會用一些現實中不太可能發生的事，來緩解苦悶**：

「把其中一個小孩出養。但要出養哪一個？」

「乾脆兩個小孩都送人養好了，等她們大了，再自己坐公車回來就好了啊！」

「吼，這兩個到底在哭什麼啦？叫她們兩個講兩句人話來聽聽看。」

「我看妹妹一臉聰明模樣，會不會她其實知道我們在打什麼主意呢？」

或者為了有效控制小孩的活動範圍，我們在客廳架起的一個圍欄，卻已經逐漸圈不住妹妹了。這時，我便和太太開玩笑：

「妹妹熱愛刺激，這麼愛越獄，哪天跑去革命，像秋瑾一樣，我們就頭痛了。搞不好她喜歡秋瑾的詩：『不惜千金買寶刀，貂裘換酒也堪豪。一腔熱血勤珍重，灑去猶能化碧濤』。」

我們也會過度擔憂。當了家長之後，有時就是會這麼無稽。比如小孩一有個小病痛，就在心理掙扎：到底要不要去給醫生看看？

看了，怕藥吃多了影響身體；沒看，又怕抵抗不了病菌侵襲。尤其，小孩年紀太小，還不會說話，實在很難猜中「到底哪裡不舒服」。不要以為我們願意「說白賊三年」，這真的是逼不得已。

我只祈禱自己不要忘記所學，並時時刻刻提醒自己——「我的血液中流的是科學的素養，腦子中裝的是冷靜的養分。不會被迷信所困惑，也不會被傳言所擊倒」。

我們盡量調整自己的心態，不卑不亢，不忮不求。**用不著披著「當了父母，就要自我犧牲」的外衣**。有機會還是漫畫照看、電動照打。時間允許的話，也想衝場電影、看部日（韓）劇、跑個展覽。

　　一方面，用這樣的生活經驗來告訴小孩，人生不是只有念書，也不是只有當父母，還有千千萬萬的事等著我們去嘗試。我們要一直有夢想，相信可以到布魯日（Bruges）度假，也可以到巴塔哥尼亞（Patagonian）流浪。雖然現在暫時到不了。但，總有一天，我們會抵達。

　　人既然有彈性，就有能力調整心思，面對嶄新的局面。這是我在當爸爸半年後，小小感悟。

焦頭爛額之際，還是要兼顧大人生活！
優雅面對育嬰七百天的四大挑戰

二〇一五年五月，休滿兩年、超過七百天的育嬰假，終於回到工作崗位。很多人問我，這兩年休假在家、專心帶雙胞胎有何感想，我常常是百感交集，不知從何說起。

其中，最大的感觸是「育嬰生活恍如隔世」。每次睜開眼睛，卻覺得疲倦，根本完全不想起床。但是兩個小孩的哭聲，聲聲入耳，最後，還是得乖乖起床，處理她們的種種需求。一旦感到很累、很煩，就會在心裡跟自己信心喊話：

「一定要撐下去啊！」

▌關於「吃飯」這檔事

　　我家這對姐妹常常用「暴力討債」的方式對待我這個孤立無援的父親，一不如意，就滿地打滾，或亂摔東西。用餐時刻，有時就會發生如此情狀，還真不知道哪一個點惹她們不高興了，隨手一丟，整碗飯就灑落一整地。

　　雙胞胎最恐怖的地方，在於：一個人做了這樣的事，另一個人也會有樣學樣，胡鬧了起來。

　　鬧到天昏地暗，怎麼安撫都沒有效果，只好暫停吃飯，先到陽臺吹吹冷風，冷靜冷靜。如果吹冷風不夠，還算堪用的最後一招是，將兩隻推出去逛大街，待小姐們心情平靜，再漫步回家。

　　等到小孩終於安靜下來，成功達成餵食任務，大人自己卻已經毫無胃口。有時候是食不知味，有時候是草草吃完了事，有時候是情況緊急亂扒幾口，有時候是一手抱小孩、一手撐著飯碗。

一頓飯吃下來，不只吃到身心俱疲，還要收拾滿目瘡痍的戰場。如此混戰了一整天之後，每當夜闌人靜，也會想「是不是該要向外求援、討救兵，將小孩出養算了」。

大部分的時候，能好好吃完一餐，就是我們夫妻倆最卑微的渴求。雖然，這渺小的希望經常無法如願。只期待，小孩愈長愈大，就會愈來愈好。

▌關於「睡覺」這檔事

不管過去習慣多晚睡，有了小孩之後，大人的生活作息，不得不變得跟小孩一樣。

晚上，為了讓小孩睡著，得陪著她們一起提早上床。大約九點到九點半之間，小孩就進入夢鄉，但是大人自己往往也一覺不醒。偶爾到了十點多，想起還沒善後的事，雖會自動睜開眼睛，卻蠻常走到客廳之後，躺在沙發上，進入下一個睡眠循環。

等到再次驚醒，已是午夜十二點、一點，起來也只是把燈關一關，又昏沉睡去。

早上，則是很早（甚至比需要趕上班的時間還要更早）就會被小孩叫醒。她們一旦起床了，多半不肯再入睡，我只好勉強自己起身泡奶，看能不能用奶將她們打暈。但隨著小孩愈長愈大，此一計畫還是事與願違居多。

大人要是很早起床，不到中午就異常疲累，午餐還沒吃，先倒頭睡一場的情況常常發生。

我自己清楚這樣很不好，因為睡眠週期可能會亂掉。所以盡量要求自己，白天不睡超過半小時。但身體的疲憊往往難靠意志力支撐，告訴自己「只能小瞇一下」，卻總是睡到天荒地老。

有時候，午夜會被小孩叫醒。比起過去，現在的她們已經進步很多，會自己下床，自己打開房間的門，越過重重阻礙，找到自己想要找的人。

會跑來叫醒我的幾乎都是姐姐，姐姐的叫聲非常洪亮，三更半夜「爸——爸——」地叫，聲音大到會讓人嚇一大跳。我常常跟老婆戲稱，這是「來自地獄的呼喊聲」。

大部分時候，我能成功安撫，讓她馬上進入下一個睡眠週期。但有時候就是不行，她硬是不睡，我只好撐著惺忪的睡眼，躺在沙發陪她玩個兩下，好將她哄進夢鄉。

關於「生病」這檔事

面對及照顧雙胞胎嬰幼兒的疾病，肯定是一胎一胎來的父母，難以想像的困難。通常其中一個小孩生病了，另一個生病的機率也很高。

有一些人會建議，「那把她們兩個隔離，不就好了嗎」。實際的問題是，不是我們不願意，而是根本就隔離不了：

把其中一隻抓到某個房間，她不可能就乖乖地待在那裡，肯定會想盡辦法要離開，不是大吼大叫，就是爬過嬰兒床，準備逃獄。她們身手矯健得很，爬床跨欄對她們來說不算難事。

　　到頭來，我們夫妻根本就不去思考「隔離」這件事，也從來沒有成功過。

　　更何況，以**醫學的觀點來看，「分隔兩間」的隔離層級，其實沒什麼效用，因為大部分的病毒與細菌是散播在空氣之中的**。除非住進像蒙古包那種負壓隔離裝置中，否則防不勝防。

　　因此每次小孩發燒生病，第一步就是給醫生診療，確認是否為**嚴重的疾病**。接著，好好照顧、包容她們的哭鬧與不舒服，就當作修養自己的功課，讓病程順利度過。

育嬰時期，大人難免會生病。雖然跟小孩比起來，大人的生病頻率明顯較低，但總希望最好不要影響到小孩，傳染給他們可就不妙了。

我自己就有過這樣的經驗。卻因為多半很難找適合的人選、接下棘手的育嬰任務，最後往往是咬著牙，鼓勵自己要支撐下去。

曾經有一次，我已發燒到能量銳減，還是得去托嬰中心把兩個小孩接回家。畢竟，妻子在學校上課，不可能立刻停下課程跑去接。我只好用僅剩的10%力氣，拖著病體，硬著頭皮、撐著眼皮開車，將兩個小孩接回家。回家之後，不能休息，只能繼續照顧她們，直到妻子下班回來為止。

當初，我根本就是危險駕駛。我們父女能順利活到現在，真的是福大命大。現在想起來，就算必須自己去接，也不一定要自己開車，坐計程車或許是可以免除危險的替代方法之一。

至於，碰到大人生病的時期，照顧家中嬰幼兒的工作，該如何分配與處理呢？

　　最好的方式，當然是由健康的那一方，暫時承接下所有的事務，好讓身體欠安的大人，有足夠的時間好好休息與養病。但說真的，有時，就是會有抽不出身的狀況。身為生病的大人，在某些緊急時刻，還是必須抱病上場。

　　遇到這種時刻，又擔心嬰幼兒被傳染，最簡單的方式就是「戴口罩」。雖然說，非正規醫院的隔離，通常只是隔個心安，無法有效阻隔所有病毒，但是，至少能擋掉部分病菌。

　　不過，我那一次大病三天之後，全家四口就只有我生病而已，其他三人都活跳跳的。可見病毒是侵襲免疫系統剛好處於弱勢狀態的那個人，不見得一定會傳染給嬰幼兒。

▌關於「與另一半的緊張關係」

養育小孩的疲倦，若再加上與另一半的緊張關係，心境恐怕是雪上加霜。

曾經就有這樣一件趣事：

某天早上，我突然被房門外的一陣聲響吵醒，本來以為又是哪一個小孩，從床上掉到地上去了，慌忙起身要查看。結果，一開門是老婆正在翻箱倒櫃，遍尋不著她當天教學要用的課本。

家裡就這麼大，東西不太可能不見。我也算習以為常，畢竟老婆慌亂尋找東西也不是第一天了，我們夫妻常常同心協力在找她的東西。有很多東西可以找，如手錶、蝦餅等（沒錯，連蝦餅也能不見。最後發現是放在冰箱最下層的蔬果室）。

只是這天我們找了又找，毫無所獲，她竟然怪罪起別人來了，像是沒有自己的房間、有很多事情要做等，諸如此類的抱怨。

而我說話也不是，不說話也不是，就管低著頭繼續找。最後，在家裡什麼都沒找到，我只好先送小孩去托嬰中心再說。

　　就像每個故事的結局，都會出現反高潮一般，在東翻西找、瞎忙一大圈後，再次踏入家門，接到老婆的電話：「書找到了，在學校辦公桌上！」

　　夫妻相處，衝突難免。小至日常用品，大至未來生活規劃，都可能成為導火線。彼此要能從中摸索出適合的方法，來調整不一致的狀態。

　　「不管黑貓、白貓，能抓到老鼠的就是好貓」，能順利解決並減少爭端的方法，才是好方法，才有可能繼續維繫夫妻感情。

　　小孩出生後，對夫妻的感情又是一大考驗，像我們家一下子迸出兩隻，考驗之大，可想而見。夫妻雙方成長環境不同，本來就有一些既定的觀念，

用以維繫自己所建構出來的生活，包括養育小孩的方式。這很難說什麼是對的，什麼是錯的，更不用說什麼是完美的。

我跟老婆都是平凡人，當然會吵架。為了避免兩敗俱傷，我選擇不面對面衝突。無論如何，我會先遠離戰場，一切等心情平復後再說。因為人在氣頭上所說出來的話，可能會非常傷人，甚至形成心理傷痕。只要其中一方願意放慢自己的腳步，過濾一下即將出口的難聽話，時間點過了，自然雲淡風輕。事後再回想，很多事情實在沒爭吵的必要。

不要把夫妻間的爭執視為辯論大賽，就算駁倒對方又如何，自己無法贏得任何好處，只會讓彼此間的裂痕加深。「凡事包容、凡事相信、凡事盼望、凡事忍耐」，的確，妥協不一定是最完美的方法，但唯有找出兩人都可接受的決定，才能在雙方都曾經堅持的成見中，取得平衡點。

「知道為何生存的人，就能忍受任何生存的方式（He who has a "why" to live for can bear any "how"）。」尼采（Nietzsche）說過的這句話，正好可以當作此事之註腳。

沒錯。我當前的目標，就是與另一半好好地經營家庭，好好的養大雙胞胎，其餘的事情與爭端，自然可以隨風而去。

另外，我認為非常重要的一件事，就是「要找時間休息」。**即使夫妻中一人已經請了育嬰假，還是要給她（他）休息日**。照顧小孩、維持家務就像一種工作，雖然是無給職，仍然會耗損能量。每週至少有一日找人替手，夫妻一起出門走走、呼吸新鮮的空氣。不然，天天面對邋遢男或黃臉婆，還有惡魔小孩的摧殘，再不用點心思培養感情，「至愛」很快就會變質成「窒礙」了。

育嬰七百天的日子，到底怎麼過的？要認真想起來，還真的是不堪回首。我只能盡量自我期許，有「馬照跑、舞照跳」的優雅，有想做的事，就先判斷輕重緩急，在兼顧育兒與生活之下去執行。我希望夢不會逃走，夢不會遠離。

Part 2
教養態度篇

當遇到經驗值破表的熱心路人甲時⋯⋯
學會說「This is my Business！」

　　所有的新手父母最應該要學會的一句話，就是「This is my Business」。翻成中文、直接一點說，就是「這是我家的事！外人不需要管太多！」

　　在臺灣，很多路人對於嬰兒有極高的興趣。看一看、逗一逗就罷，其他不必要的舉動與詢問，只會徒增新手父母的困擾，無濟於事。

　　例如，我們推著雙胞胎出門，即使已經想辦法低調再低調，甚至不使用雙人座推車，還是很容易被認出是雙胞胎。對某些人而言，「遇見雙胞胎」似乎是一件很值得興奮的事。因此，就會衍生出許多不恰當的舉動與問話。

然後，非得要逗弄一下、捏捏小孩的臉，再品頭論足一番。發現小孩沒反應，居然這樣說：

　　「咦？小孩多大了啊？」

　　「怎會看不見我在跟她玩呢？」

　　「會不會是眼睛有問題呀？」

　　當場我完全不想多解釋，只想推著小孩離開現場，走為上策。遇到這類唐突的詢問，講再多都是浪費時間。畢竟，這些人看到小孩不過幾秒鐘，又如何判斷小孩沒有反應是「因為眼睛看不見」，還是「因為對逗弄不感興趣」呢？

　　像這樣依主觀的經驗，直接下結論的路人多的是，身為爸媽的我們，壓根不需要多說什麼，或燃起怒火來對抗，只要想著：

　　「This is my Business！」

另外，有些路人未免過度熱心。聊沒兩句就頻頻詢問帶小孩的方式，搶著給建議。

　　對此，我心中OS：「This is my Business！說了，你幫不上忙，也不會幫忙帶，問這麼多幹嘛！」

　　或有人總愛語帶同情與不捨，說：「一次就生兩個，想必帶起來很辛苦吧！」

　　我壓抑怒氣，在心裡回答：「This is my Business！都養這麼久了，我們難道不知道嗎！」

　　育嬰體會點滴在心頭，其實不需閒雜人等再提醒。我們評估過自己的狀態與能耐，因循自身條件，找出最適合帶養雙胞胎的方法。而且，現今並無任何研究證實「哪種帶養方式最好」。

　　有錢人家可以一次請足三個人（保母、廚師、管家），到府協助全部教養事宜；沒錢又沒閒的人家，把小孩帶在身邊、繼續工作所在多有。我們就

曾在臺中，坐到一個女計程車司機的車，她將嬰兒放在前座，一邊開車賺錢，一邊撫養小孩的。

又或者「把小孩托給自己的父母親帶養」這件事，我們就沒辦法做到。我們有我們的狀況，有我們的困難點。並不是把小孩送到托嬰中心，就代表我們不愛小孩，也不是想盡辦法把小孩托給爺爺奶奶外公外婆，才是最佳方案。

更甚者。有些路人雖然出自於關心，問題卻非常失禮。我就遇過劈頭就問：「你家的雙胞胎是怎麼來的呀？人工的，還是天然的？」

這根本，超－出－範－圍－吧（太over了）！不論關係親疏，這對多數人都應該是相當私密的問題。被問的當下，我的火氣差點就控制不住。畢竟，小孩怎麼來的不是太重要（除非來自違法途徑），這不會影響爸媽對待小孩的態度與教養。

每個人的身分會隨場合變換，新手爸媽也會成為別人眼中的路人甲。**身為路人的時候，我要給予小小忠告，就是：尊重嬰兒及其家長。**「可遠觀，而不可褻玩焉」。安靜地欣賞與祝福即可，以免造成新手爸媽的巨大困擾。

　　而擔任新手爸媽角色時，也該要自立自強，學會「This is my Business」的態度。也許如此，才不至於陷入患得患失、父子騎驢的窘境。

遇到沒準備的事，其實不用太在意！

善用「加法」的育嬰哲學

多數新手父母最擔心的一件事，就是自己準備不足。在成為雙胞胎的父母之後，經常有人向我們請教：「家中有嬰兒前要準備些什麼？」

坦白說，這個問題很難回答。因為很多先準備好的東西，到真正要用的時候，常常是不適用的，或是小孩根本不喜歡。比較好的方式，是依據小孩出生後的實際狀況，再適時加以調整。

像很多家庭都會預先購買嬰兒床，問題是「有些嬰兒是不睡嬰兒床的」，非要跟父母擠在大床，才能安心睡覺。所以，先買起來放，最後可能是擺在家裡的牆角積灰塵而已。

要是家裡坪數大或住透天厝，怎麼堆都無妨，但若住公寓或大樓的小家庭，東西一多，就挺令人頭痛，要丟也不是，要留也不是。對家裡空間小、手頭緊的人，最務實的作法是：先租來用看看，用過之後，再來決定是否購買。

　　在育嬰哲學上，用「加法」來面對，心情會愉快很多，也可以省下很多爭辯的力氣。這個不會沒關係，就去學，學會了，育嬰能力就多加幾分。

　　要是用「減法」看待育嬰，常會落入貶抑自己與另一半能力的窘境。新手上路自然這個也不會，那個也不會，於是，從滿分一直扣下來，一下子就不及格，心情無端落入谷底。

　　很多細微的育嬰知識與技術，平常並不會特別注意，只能一件件加進來，一步步累積。知道「不會是正常的」，馬上學，試著做，久了就熟練了。

一般人不太可能像專業保母那樣輕鬆俐落。但是，這又有什麼關係呢？洗澡不太會洗、指甲不太會剪、衣服不太會穿，都是稀鬆平常的事，不需要事事要求盡善盡美。

不完美本來就是生命的一部分。開放與樂觀的態度，加上願意學習的心，關於育兒的難題肯定都能好好面對，一一解決，慢慢走過。

不知為何，許多新手父母會落入自己設定的窠臼之中。像是「以前自己生活困窘，現在自己有點能力，一定要給小孩最好的」。

到底什麼是最好，並無標準答案。天氣一冷，立馬去買了六層紗防踢被，好讓小孩溫暖地度過寒冷的冬天？現實是，有些小孩用了防踢被，三天之後，皮膚卻長出熱疹。嬰孩的體溫本來就比較高，穿得太溫暖，只會讓好意成為一場災難。

有些父母則站在另一個極端──「購買嬰孩用品，一定要找出CP值（性價比）最高的」。甚至花大部分的時間，在網路上觀看評價、比價。偏偏「CP值」的概念很主觀，真要細究，只會讓自己陷入「無限比較的地獄」。最怕的是，花了那麼多精神與時間，卻買到一個不是那麼滿意的產品。

　　仔細想想，「性價比」也是一個迷思。到底有沒有性能與價格組合，是最美好的存在呢？這邊就以一個育兒家庭必備技能──「消毒」為例，就可以知道在虛妄中爭論，到底有多累人了。

　　消毒嬰孩用品的方式很多，要達到這個目的，最簡單的就是煮沸法或太陽曝晒法。

　　太陽光是最便宜的，這是老一輩的祖傳妙方。那為何很多人都捨棄不用？因為不方便啊！尤其住在北部的都市，要找到剛好太陽晒到，且曝晒時間足夠消毒的地方不容易。

不然，煮沸法也很便宜。買一個大鍋子，用品叮叮咚咚丟下去，開個火，煮到沸，再滾個十來分鐘，一樣可以達到消毒的目的。為何還是比較少人用？理由一樣，不方便啊！因為要煮水，等水滾，再等水涼，才能把東西撈起來。

還有一個跟煮沸法，差不多效果的「蒸汽消毒法」，用電鍋就可以。在內鍋墊個蒸盤，用品全放下去，一杯水，按下開關，開關跳起來就完成了。但蠻少人用的，因為很少人知道這樣可以消毒。一個不懂「殺菌原理」的人，會因為沒人告知「這樣也可以」而感到害怕。他們覺得「跟別人不一樣，可能會對小孩造成不良影響」，乾脆就不考慮。

先以幾個容易接觸細菌的場合，簡單說明殺菌一事。醫學上，一般是用高壓蒸汽滅菌鍋。高溫高壓半小時，器械上附著的微生物幾乎消滅一空。

再者是生物或化學實驗室中的消毒，常見的是煮沸及藥物法。藥物殺菌就是用化學藥品來除掉細菌，除菌效果佳。至於，我們比較熟悉、可能嘗試過的煮沸法，是將器材放在沸水中煮十五分鐘。這樣做可以殺死大部分的微生物，但有些耐高熱的細菌，其本體並未死亡（只能消毒，不能滅菌）。

　　其實，一般家庭所能使用的殺菌方法，如蒸汽鍋、煮沸法、紫外線殺菌機、晒太陽等，對於育嬰用品的消毒都已經足夠。當然，所有的消毒滅菌方法都不是萬無一失，因為只要接觸空氣，各種微生物就會慢慢生長出來。

　　況且，大家對於用品的性能，在意的地方都不太一樣，並非每個人都把「有沒有效」當成重點，有人甚至會慎重考慮流行與否。因此，性價比要達到完美均衡的境界，根本就不可能！

秉持開放性的態度育嬰（兒），用「加法」面
對技巧與知識的不足，適時添購或租用嬰孩用品。
以慈愛代替溺愛、以實用取代性價比，相信能讓整
個育嬰過程達到平衡，讓生活漸入佳境。

7 個檢查方向，不被網路謠言耍得團團轉！

喚醒科學素養，不盲從無根據資訊

　　當父母之後，才發現育兒相關知識，常令人眼花撩亂。似是而非的論調，不停地困擾著時間有限的我們。面對這樣的景況，若無一套判斷的準則，肯定會淹沒在大量資訊中，隨時都有滅頂的可能。自己淹沒就算了，若是牽扯到小孩，最後搞不好雙重打擊，賠了夫人又折兵。

　　關於健康或醫藥的新聞，網路媒體最喜歡的作法，是將國外的報導直譯成中文，再用一個聳動的標題吸引讀者，既有話題性，又可占掉版面。這些被大家視為「科學新知」的資訊，大部分都是單一研究，到底能不能反覆驗證，根本是問號。

除非願意花時間搜尋查證一番，才有機會確定報導的內容是真是假。但查證是一件吃力不討好的事，媒體抄錄容易，卻少附資料來源，翻譯上也可能出現錯誤，真要執行查證工作，起碼得花掉大半天。**因此，我建議讀者們，要是看到這類文章，就當作趣聞，看看就好。**

　　科學的基本原則是小學階段就已經學過的——「先觀察，作出假設，最後用實驗加以證實」。這是顛撲不破的道理。

　　一篇好的科普文章，通常會說明研究源起、實驗作法、使用了哪些工具、得到什麼結果。最後，從實驗結果回推，思考最初的問題。貼心的作者會把相關環節寫到淺顯易懂、老嫗能解，並附上資料來源。反之，缺東缺西，掛一漏萬的文章，可信度就大打折扣。

有心想進一步判斷網路報導、單一研究的可信度，可以從七個方向去檢視[1]：

方向1：此研究做在「誰」身上？

醫藥研究很多時候的研究對象都是動物，而非人類。動物的反應，不能代表人類的反應。兩者間的巨大鴻溝，不是那麼容易就跨越的。如果以「因為動物這樣，所以人類相同」來推論，真是會笑掉人家大牙。

方向2：支持此研究的人或單位？

此處是指經費上的支持，支持研究者可能是學術、政府單位，也可能是由私人廠商或研究者自行負責。其中，若主要的支持者是藥廠的話，就要小心了。在這種情況下呈現的研究結果，往往只會誇大正面的功效，而刻意不說負面結果。

方向3：此研究的「受試人數」有多少？

當受試者總共有20人，其中8人有效果，對外卻宣稱40%的人有效時，就容易誤導一般民眾。受試者人數多或少，與實驗性質有關。雖然有一些實驗，受試人數不用很多，但大部分的研究，受試人數過少，肯定會出現偏誤。

方向4：有無隨機分派、雙盲控制、對照組？

科學實驗上，為了避免混淆變項或不可預知的誤差，需要異常小心。因此主試者會以隨機分派、雙盲控制、對照組等方式，來降低因為預期心理產生的實驗偏誤。若是沒有這三個條件，只有單一組別，就很可能是安慰劑效應或自然恢復的效果。

「隨機分派」是指做實驗時，哪一個人要分到哪一個組別，事前無法得知，而是用隨機法決定。以避免在分配組別時，就產生偏誤。

「雙盲控制」指計畫主持人不直接進行實驗，而是委託不知情的人來操作實驗程序。這是避免已經知道實驗方向的計畫主持人，故意暗示受試者朝某方向回答而產生的偏誤。另外，受試者端也不會知道自己將被分配到哪一個組別。只有等到所有實驗結束，解除封印，才知道最後結果。簡單來說，當操作實驗者不知道實驗目的、受試者也不知道自己被分到哪一組，兩者皆盲，就叫「雙盲」。

▎方向5：顯著程度如何？有沒有說明P值大小？

　　若有顯著，但效益不大。這個研究所謂的「顯著」，就值得玩味再三。「P值」常用以決定該研究是否有顯著，與信賴水準作對照後，才能判斷其大小。一般來說，P值愈小愈好。大部分研究採取信賴水準 0.05，P值小於 0.05，代表拒絕虛無假設，兩者有差異。此結果說明研究的介入是有效的。

方向6：同樣主題下，其他研究的結果如何？

一個單一研究，通常無法給予確定答案。最好是看看其他人有無做出相同結果再說。能找到回顧性研究的話，才能告訴我們事實是什麼。

「回顧性研究」通常是回顧前五或十年，同一主題被不同研究團隊研究幾次，每個研究結果分別是如何，能否整合出一個初步的成果告知世人。

方向7：受試者的人數多寡？

小型研究（受試人數少）若找不到結果的話，通常無法發表。很多小型研究常常沒有什麼特別的結果，就被放在抽屜裡，不見天日。大型研究（受試人數多）即使結果不顯著，仍有發表機會。

不過，有時小型研究會被當成先遣部隊，也就是先試做看看，有結果的話，再收集更多資料，讓自己的研究論點更有說服力。

藉由上述七個方向，還能破解經常困擾家長的另一個問題 ——「補充健康食品」的迷思。尤其當很多廣告都不斷地強力放送「吃了某營養品，就會造成奇蹟式的改變」的時候。

　　但這在科學上常是做不出研究結果的，如「深海魚油對小孩的認知功能有無影響」等。在此我摘述《0～5歲寶寶大腦活力手冊》[❷]中，一段寫得很好、值得引錄的內容：

　　坊間對你該吃什麼、不該吃什麼有很大的迷思，不只對懷孕的時候，而是終其一生。

　　銀杏是從銀杏樹中萃取出的物質，幾十年來，廣告都是說它可以增進年輕人和老人——甚至阿茲海默症（Alzheimer's disease）病人——的記憶。這個說法是可以測試的，所以有不少的研究都開始研究銀杏。如果傳言屬實，這是一大商機，因此製藥廠也很熱衷。

很抱歉，我告訴學生，銀杏並不能增進任何健康人的認知能力——不能幫助記憶、不能幫助視覺——空間的建構，不能幫助語言或心智運動的速度，也無助於執行功能。

　　「那對老人怎麼樣？」我學生問。

　　它不能防止也不能減緩阿茲海默症或失智症，甚至不能影響正常的跟年齡有關的認知能力下降。其他植物藥草，如金絲桃（或名聖約翰草，據說可治憂鬱症）也無效。我學生垂頭喪氣地走了。

　　「最好方式是好好睡一覺！」我在後面叫道。

　　那麼，又為什麼這種不符事實的營養神話，連我聰明的學生都會受騙？

　　第一，營養的實驗是很難、很難做的。它的研究經費出奇的少；那種長期追蹤、嚴謹的、隨機分派以建立食物效果的實驗沒有人做。

第二，人所吃的大部分食物在分子的層次都很複雜（例如，酒中就有300種以上的成分）。通常很難去分離出食物的哪一個部分是有幫助，哪一部分又是有害。

　　我們身體處理食物的方式又更複雜了。我們對食物的新陳代謝方式也不是一概相同，有人連從一張白紙都能吸出卡路里，有人喝奶茶也不能增加體重；有人用花生醬做為主要的蛋白質來源，有人在飛機上聞到花生醬的味道就引發過敏，甚至死亡。

　　對研究食品營養的人來說，沒有哪一種飲食是對所有人都有同樣效果的。因為每個人的體質不同，尤其是懷孕的婦女。

　　閱讀這段文字，再回頭看看網路媒體的傳聞，就會發現很多文章都很可疑，不是被切頭去尾，就是經過人為加工。這與真正科學有著遙遠的距離。

不少網友在某些討論版，爭論不知從何而來的育兒概念，甚至單憑自身的經驗與臆測，作出似是而非的結論。仔細探究，這樣的結論，從源頭開始就存在巨大問題。我們又何必花時間爭論呢？

---

❶ 資料來源：《7 questions to ask while reading health research》
　　http://www.newsworks.org/index.php/local/the-pulse/48334-7-
　　questions-to-ask-while-reading-health-research-
❷ 《0～5歲寶寶大腦活力手冊：大腦科學家告訴你如何教養出聰明、
　　快樂、有品德的好寶寶》約翰・麥迪納（John Medina）著，遠流
　　（2012）出版

資料一大堆，爸媽的困惑卻不減反增？
買本「發展心理學」的書來閱讀吧

　　在資訊爆炸的時代，要擔任父母這個角色是不容易的事情。很多家長會被某些奇奇怪怪的資料淹沒，而過度擔憂小孩的狀況。網路上流傳各式各樣的文章，伴隨恐嚇形式的標題：

　　〈當父母不能不做的N件事〉

　　〈吃了這些東西，小孩的智力肯定下降〉

　　〈遵守N大守則，家裡沒有小屁孩〉……

　　這些都言過其實，且多半無科學根據（前文已強調育兒首重科學素養），不用過度認真看待。建議把這種沒有嚴謹實驗的東西，暫且擺到一邊！

反而是「發展心理學」才是新手爸媽的必備知識。「**發展心理學**」就是依照年齡，簡單將小孩的**身體發展、認知狀態、語言狀態、社交能力、情緒狀況**，一一陳述。

　　有了這些概念，就知道小孩正常的發展應該如何（例如，幾歲幾個月時，大概會做什麼事），這樣一來，做為父母心底自然有個譜，就不會手忙腳亂，或誤以為一歲的小孩，就要會乖乖自己吃飯、注意力集中、肢體協調等。

　　我們不是在訓練馬戲團的猴子，不要以為硬要小孩練習，他就可以提早辦到。很多事年紀不到，就是學不來。若小孩偶有超前現象，大可不用過度得意、反覆獻寶，似乎以為小孩學到一個新把戲，爸媽就可以走路有風。小孩是一個生物，是一個有機體，自有一套運作的邏輯，而且也不是每一個小孩都可套用相同的模式。

人類又不是機器人（東西組裝完畢，就可以正常運轉）。**發展是連續性的，小孩準備好，就會進到下一個階段去。**他們不會主動告訴大人「接下來要發展什麼」。看似平凡無奇的生活，經歷各種微不足道的小事，就是發展的養分。多數人是不用刻意栽培，就自然而然能長成大樹的樣子。

當然，發展心理學的知識，並無法解決所有育嬰（兒）階段的疑問。尤其是許多父母經常關心的某些問題，很難找到一個適當的解答。如「看電視是否為導致閱讀力低落的原因」一事，至今仍未解決。通常這類問題有一些先天的限制，社會大眾所看到的報導，常常是回溯性的相關結果：

研究者訪問許多家長，請他們回想小孩年幼時，花了多少時間看電視。接著，再跟小孩現在的閱讀能力測驗結果作連結，加以統計分析。

這種方式只能做出「相關性」，而非「因果關係」。有相關性，並不表示「A就會影響B」。到底是因是果，研究者也無法說明清楚。

再者，牽涉到「人」的實驗，不同於物理或化學實驗單純，不可能真的去操弄「人類」這個變項。例如，將小孩分成幾組，一組每天看電視三小時，一組每天看電視一小時，另外一組不要看電視。這種研究不要說倫理委員會不通過，應該沒有家長會願意讓自己的小孩加入。科研單位不是邪惡組織，不可能做出違反倫理原則的事。

看到這裡，讀者大概就懂了，那些恐嚇形式的網路文章，根本不值得一看。與其在此花時間，不如買一本發展心理學的相關書籍❶讀一讀。

---

❶ 發展心理學的中文本，任何一個版本都差不多。最簡易、入門的，可以考慮先看《瞭解你的嬰兒》（三民書局出版）或《你的零歲孩子》（信誼出版社出版）。這都是一系列的書包括《瞭解你一歲的孩子》、《瞭解你二歲的孩子》、《你的一歲孩子》、《你的兩歲孩子》等。

行動知識庫一
「行為理論」能助育嬰多臂之力

　　關於養育嬰孩的坊間書籍有各種派別。各個門派都有擁護者，還常在各種場合上爭論不休。戰役有大有小，至今仍未停歇的論戰，是將「行為理論」運用於嬰兒養育的方式。

　　行為理論應該是心理學中流傳最廣、運用最多的學派。但每一個學派本來就有很多面向，端看怎麼運用。不能說「因為行為理論談到懲罰」，就以偏概全認定那是邪惡學說，而棄置不用。理解不透徹的人，總是容易因噎廢食，拘泥於壞處而削足適履。這將是教養小孩的天敵。

行為理論幾乎無時無刻都出現在我們的日常生活。有人的地方，每天都在發生。

像是做了工作可以領薪水是行為理論；天氣熱了想喝冰水是行為理論；回到家第一件想做的事情是開電腦上網也是行為理論。以上這一些我們每天都在反覆執行的事情，就與行為理論有關，只是大家實踐得很徹底，卻從來都不自覺罷了。

嬰孩的成長也是同樣道理，行為理論天天都在應用，其中有很多的概念與原則，都非常適合運用在育嬰（兒）與後續教養的過程，解決新手爸媽的困擾與難題。像是以下四個，就很好用❶：

削弱原則（extinction）

指小孩有不好行為出現時，故意不給予任何回應，使不好的行為無法達到預期效果。如此一來，小孩的不好的行為，就會逐漸減少出現的頻率。

觀察學習（observational learning）

藉由觀察模範（可學習的對象）所做的行為，讓小孩跟進（學會）這些行為。像是教小孩如何玩新玩具，教一次不會，教二次不會，教了十次還是不會。那就明天再教十次、後天再教十次。好幾個十次後，小孩終於理解了。這種「人一能之，己百之」的道理，就是「觀察學習」的應用。

形塑原則（shaping）

大人在替小孩設定目標行為時，不要求一次達成100%，而是分成很多小目標，一個步驟、一個步驟，慢慢地走向大目標。

像是在要求小孩「晚上獨自睡覺」這件事，起初可以先和大人同房，但分床睡。習慣後，回到小孩自己的房間，但爸媽會等小孩睡著再離開。最後一個階段才是要求小孩自己睡。

代幣制度（token economies）

　　簡單說就是「集點換東西」，像是便利商店常推出的活動。要先定義所有好行為所代表的點數，一段時間後，這些累積下來的點數，可以更換小孩喜愛的東西。這個制度太小的小孩不適用，至少要四歲以上，才會知道集點的意義。

---

❶ 參考資料：Brems, C. (1993). A Comprehensive Guide to Child Psychotherapy. MA: Allyn and Bacon.

當了爸媽，就要一天 24 小時都馬不停蹄？

休息，是為了走更「久」的路

　　我的育嬰生活開始後，總有一堆路人甲乙丙丁熱心「指點」：怎麼養育雙胞胎，怎麼讓小孩安安靜靜等。對於指教，我總是一笑置之，盡量用一些玩笑話矇混過去。我很清楚，每個人（或家庭）的狀況本就不同，適合的育嬰（兒）方式，自然不會一樣。別人覺得好用的方法，參考無妨，千萬別一股勁兒奉行到底。

　　一次次交流的當口，我發現大家較為注重的是「嬰兒的生活層面」，像是「小孩怎麼吃飯、怎麼睡覺、怎麼照顧」，諸如此類的話題，經常忽略育嬰的另外一個重心：

「主要的照顧者」要如何調節自己的情緒？如何面對與排解育兒的壓力？關於大人心理層次的問題，其實更需要在意。因為，沒有情緒平穩的父母，就不可能有心情愉快的小孩。

　　從二〇一三年五月以來，育嬰那麼長一段時間，我覺得主要照顧者最需要的是「適時的休息」。只要能休息，就有喘氣的機會。

　　偶爾，有些長輩會誤解，認為「父母一方已經有人請育嬰假了，就應該自己帶小孩帶到底，若需假於他人之手，幹嘛還要請育嬰假呢」。這樣的想法，恐怕會「逼死」請育嬰假的那一方。

　　正常情況下，一般上班族的工作時間約八小時左右，若扣掉通勤及準備，每天還有三到四小時的空閒時光。再怎麼過勞，還是能擠出一些空檔。在這樣的前提下，這個工作才做得下去。

「育嬰」好比是個非得長期在職的工作，沒有道理一天二十四小時都馬不停蹄。因此，千萬不要被「要挑戰極限、不能間斷、毫無休止、無時無刻地自己帶小孩」的想法給害了，當壓力不停累積、情緒無從宣洩而爆發，只怕讓小孩成為最無辜的出氣筒，成為社會新聞的悲劇戲碼。

　　即使是請了育嬰假的父母，適時的替換照顧者絕對是必要的。沒有任何具體的科學研究，能證實「短時間換個人照顧」會形成小孩的心理問題。

　　像我家，雖然我已先請了育嬰假，但在小孩兩個多月後，我和太太決定先將姐姐「出養」——白天由托嬰中心接手照護，晚上接回家，繼續奮戰。再過一個多月，妹妹也一併送出去（托嬰中心的名額是有限的，需要排隊，不是想送就能馬上能送過去）。若無法走托嬰中心這條路，找到願意協助的親戚、鐘點保母，都是可以考慮的方向。

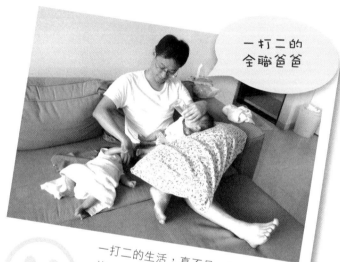

一打二的生活，真不是一般人可以承受的，即使身體還挺得住，心裡面早就累癱了。過了兩個多月這樣的日子，我們夫妻決定在白天時間，先把一個送到托嬰中心。

照顧小孩不是在賭氣的大小，而是要比誰的氣長。好不容易擠出一些時間，才能做做家事、休養生息。既然有了這些空閒，記得要做一些真的能讓自己舒緩下來的事情，也許是逛逛大街，也許是睡個好覺，也許是走出戶外、呼吸新鮮空氣。

能夠讓自己情緒平復，才能恢復元氣、充滿能量，再次面對育嬰生活中，時常出現的艱難。

「紓壓」這兩個字，人人會說，能徹底執行的人卻了了無幾。很多的時候，我們會自動忽略壓力反應，忽視身體發出的各種訊號（可能是警訊），如失眠、胸悶、胃痛、頭痛、健忘、拉肚子、心跳加快、身體緊繃、容易疲累。或情緒變得易怒、煩躁、緊張、焦慮、悶悶不樂。不要以為這些症狀只是一時的，很快就會過去，卻忘了這些都是壓力累積的後果，若不正視，只怕會愈來愈嚴重。

生活中各式各樣的瑣事，往往是壓力根源。

　　除了要想辦法減化瑣事，最重要的還是要強化自身對應與紓解這些壓力的能力。找到最適合自己的紓壓方式，才是最佳的方法。

　　各位讀者不妨嘗試這樣做：

　　鍛鍊身體，讓體力變好，以應付大量家務。

　　轉變想法，以樂觀態度，接納不完美的人生。

　　找到一個願意傾聽的朋友，好好地聊個天、吃個飯，甚至大玩一場。……

　　更多時候，整個國家應該感謝這些願意請育嬰假的父母。他們願意洗盡鉛華，散盡榮光，賭上自己的身家，培育寶貴的下一代。無形中，社會成本也降到最低。他們是活菩薩，用肉身在證道。

「願使歲月靜好、現世安穩」是胡蘭成先生和張愛玲小姐結婚時，在證書上所寫的註腳，他們對於未來的期許，不需要永恆不變、驚天動地，求的只是「真心」。透過奮戰與休息的協調，達成育嬰過程的平衡，我們都可以讓真實的家庭生活，成為此句話活生生的寫照。

練功打怪少不了，關關難過關關過！
新手父母闖天關──母乳關、環保關

在小孩出生之後，爸媽首先會遇到兩個最大的關卡，就是「母乳關」與「環保關」。這兩個重要的關卡，若沒有好好練功、好好克服，小惡魔就會無時無刻出現，干擾新手父母脆弱的心靈。

▌全親餵不是人人適用的「母乳關」

先來談談母乳這一關。母乳議題由於國家或社會團體的推廣，幾乎每一對新手父母，都不得不面對。很多單位的想法是很嚴格的，甚至認為：只有「全親餵母乳」才是唯一的路，才是對嬰孩最大的愛，任何達不到的理由，都是藉口。

但回到現實面，生養小孩這件事，本來就不可能做到百分之百完美。要求盡善盡美、達到滿分，根本與人性相違背。像我們家要「全親餵母乳」，幾乎是不可能的事。我們的雙胞胎女兒是早產兒，剛出生體重根本不足。頭一個月，她們根本連吸奶的力氣都使不上來。加上小孩的嘴巴太小，連要順利張開、含住乳頭都嫌困難。

　　在與醫師、護理師們討論之後，決定以「順利生存」為首要目標，母乳不足的部分，就用配方奶來代替。**讓小孩活著，才是最要緊的事。因為連好好活著都不行的話，討論「全親餵母乳」根本就是天方夜譚。**

　　接著，妻子坐完月子，回到職場。在忙碌的工作之下，還願意擠奶七個月，已經不太容易，身為丈夫的我，除了感激，還是感激，怎麼可能再提出「一定要親餵」的無理要求呢！

還有一個更現實的問題。大部分的工作場所，根本不太可能容許新生兒的媽媽，上班時間把嬰兒帶在身邊，有需要就「得來速」一下。

如此這般的困窘情況，到底如何才能達成「全親餵母乳」的偉大任務啊？因為這樣，我們家的雙胞胎打從娘胎出生，就是母乳搭著配方奶喝。第八個月開始，就全喝配方奶了。

五個月大時，育嬰中心度中秋！

☺ 雖然一出生就是母乳搭著配方奶喝，兩位大小姐依舊長得很好啊。

對於選購配方奶，我並沒有特別的品牌偏好。因為配方奶的製作本來就有一定規範，大部分廠牌皆具有一定水準，他們不可能隨意製造，也不可能任意增加不需要的添加物。

　　一開始為小孩挑選配方奶時，與其注重品牌特別度，倒不如挑個容易買到的品牌。容易取得比任何事情都重要，不然可能會有斷炊危機。

　　曾經就有一位朋友，帶著妻小從臺北來高雄探視我們，途中就為了要找某一廠牌的配方奶，而苦惱不已。連續跑了好多家藥局，都買不到他們小孩在喝的那個品牌。尋尋覓覓許久，最後是在某家醫院附近的藥局才買到。

　　所以，找個唾手可得的產品，是選擇配方奶時，必須考量的一大重點。至於內容物、添加物、廣告內容、代言人等，都是枝微末節之事（記得不要自己加鹽巴進去就好）。

心有餘而力不足的「環保關」

　　喝奶議題告一個段落，環保問題在旁已伺機而動。環保人士主張，紙尿布、溼紙巾都會造成環境危害，使用這些東西，就是不愛地球，就是把北極熊逼入絕境，就是任由地球被熱浪襲擊。但面對嬰兒的吃喝拉撒睡，新手爸媽情何以堪？

　　有人說，使用布尿布、手帕、水，即可解決所有破壞環境的問題，減少製造垃圾的機會。

　　這確實有道理。但要套用到新手爸媽的身上，只會讓人感覺到「心有餘而力不足」。尤其，我們家生養了雙胞胎，更能體會環保與育嬰兼顧，是多麼困難重重的一件事。

　　雙胞胎還小的時候，我們家每天的序幕都是從「換尿布」開始（我相信，每個處於育嬰階段的家庭都是如此吧）。

先換下姐姐隔了一夜的沉重尿布，接著換妹妹的。然後，她們在十分鐘之內會喝完奶，當同樣的食物，放到幾乎同款的大便製造機中運作，兩人大便的時間點自然差不多，處理完一個，還有下一個等著。當天要是有人腸胃動作快了點，可能就會出現一個人大兩次的狀況。

　　就這樣，短短三十分鐘，要換五、六次尿布。一個大人在換完六次尿布後，肯定累趴了。真要做到「環保」的話，還要沖洗小孩、擦乾，清洗布尿布與手帕，累加的事多如牛毛。

　　育嬰階段想落實環保，大概得用加倍的時間來換。這其中還不包括其他家事，如洗奶瓶、掃地、洗衣服、晾衣服、採買、做副食品等。有時事情做不到一半，下一頓喝奶的時間又到了。

　　現在回想起來，還真令人頭皮發麻！

時間壓力下，我們幾乎被迫選擇不算環保的方式。身為父母每天都和時間在賽跑，卻不得不面對自己總是跑輸的那一方。

　　補充一下。在選擇紙尿布時，我與選擇配方奶一樣，沒有固定廠牌，順手、好用是首選。根據我使用過多種品牌紙尿布的經驗，每一種都存在漏屎漏尿的危機，還沒用過完全防漏的。

　　於此，我是想要以輕鬆的態度來討論「母乳議題」與「環保議題」。

　　在成熟的公民社會裡，人人皆有權決定「是否要加入某項社會運動或知識推廣」。而且參與與否、涉入程度，本來就必須依自身的條件、時間、經濟、家庭狀態等來評估。

　　我特別想傳達的是：「請不要把表面上沒有實質行動的人，直接認定為袖手旁觀之人，或是理念

不符的敵人」。非黑即白的分法，是非常恐怖的。在如此多元的社會，每個人自有他參與運動及表述意見的方式。

在時間與經濟可充分配合的條件下，所有身為父母的人，都會有一顆「全親餵母乳」、願意保護環境、做到垃圾減量的心。這是一個美好願景，但每個家庭還是得依照實際狀況取捨與調適。

「母乳關」與「環保關」是所有新手父母必修的關卡。唯有練功打怪、提升應對的能力與方法，才可能「關關難過關關過、事事難為事事為」。

正好被我捕捉到，姐妹倆一來一往互打。這時的她們才四個月大，也許是不小心碰到彼此罷了。但當爸爸的，偶爾這樣看著她們說故事，挺能為育嬰生活，製造趣味的。

行動知識庫二
「母乳」其實沒有想像中那麼神？

瀏覽率高的文章，常是危言聳聽

我是一位臨床心理師，所受的背景訓練主要為臨床心理學。以科學證據為基礎的練習，是我們在研究所中反覆經歷的，我們必須有能力去判斷，某心理學或其相關論述的正確性，抑或在現今的研究資料庫中，有無相關議題的論文資料。

臨床心理師確實不是醫師，但並不是說「不是醫師的人，就無法進行科學判斷」。只要有心，每位新手父母都可以做好這件事。

「科學」為何可以不斷地進步？就是立基於開放性。世界上，任何一位願意從事科學研究的人，

都可以從相關資料庫中獲取資料。也就是說，很多東西並不是具有醫師資格的人，才能討論或掌握。

當爸爸後，我也在網路上看過許多報導。很多網路消息的開頭，喜歡用一些字眼來吸引瀏覽率，例如，「根據一個擁有二十年看診經驗醫生的說法」或「每一位專業護理師都這樣做」等，然而，發言者到底是誰，卻很少指名道姓。

若真是一個能使人信服的專家所說，沒有道理連身分都不清不楚吧？一個願意負責任的人，在接受媒體採訪，肯定會告訴對方「自己是誰」、「背景為何」、「為什麼對此議題做說明」。

有時，在網路上很難進行理性討論與溝通，多數鄉民容易根據自己的好惡喜樂，進行吹捧、攻擊，或淪為情緒發洩。要不然就是離題、跳題、斷章取義，全然不顧原作者的意旨。科學事實在爭吵當中逐漸遠離，最後的結論已經偏離主題一大截了。

別忘了，網路的匿名性很高，愛說什麼就說什麼，很少人願意負起言論的責任。**肩負育嬰育兒重任的爸媽，去相信這些無人承擔的文字，根本就是冒險的行為。**

餵母乳能有效促進嬰兒智力發展？[1]

「母乳到底能不能促進智力發展？」

這是一個爭論已久的話題。我暫時撇除政府政策與親子情感的角度，僅針對科學層面，來討論是否有足夠證據，確認母乳可促進智力的發展。

因為這個議題存在已久，很多資料庫都有相關研究，我找資料的過程，並無想像中困難。最後，我選中一則在二〇一三年七月發表的文章，除了因為年份非常新，還因為是一篇非常嚴謹的回顧性研究。作者群做得很仔細，完全按照後設研究的方法學去進行探討。

這篇文章，一共回顧了84個研究，幾乎是將所有相關的文獻搜尋過一遍，才做出結論。這樣形成的暫時性結果，非常具有說服力。

引言介紹時，作者群即說明這類研究的困境。主要的困難點在於無法完全隨機分派。因為「餵母乳」這件事情在進行研究之前，父母親就已經決定好要怎麼哺育小孩了。在研究倫理上，無法真的去操弄這件事，不可能完全隨機分成兩組，一組吃母乳，另一組吃配方奶。

另外，此回顧研究也排除了一些不適合納入的個案，包含早產兒、認知能力的評估不客觀（如以不精確的學校學業成績或父母報告來評斷）、飲食習慣沒有從一出生就開始監控等。

簡單來說，若單就母乳與智力相關程度來看，84個研究中，正相關結果的研究一共有45個，沒有相關或負相關的則有39個。

由此判斷，餵食母乳與促進智力並不如預期的效果。因為若真的有效果的話，就不會只有區區50％左右的小孩有效果。

　　此研究的作者群又以另一個角度來分析資料，提供不同的思考方向：

　　若將所有研究分成已開發國家與開發中國家來比較，85％的研究來自已開發國家，15％來自開發中國家。而這些資料中，開發中國家沒有相關或負相關的比例，高於已開發國家的兩倍（61％ vs 37％）。說白話一點，若喝母乳真能影響智力，是不會因時空背景不同而有所差異的。

　　更有趣的是，作者群在文章最後，順帶打了別人一拳。提到在懷孕期間，服用長鏈多元不飽和脂肪酸（long chain polyunsaturated fatty acids; PUFAs），也就是坊間說的深海魚油等健康食品，並無助於嬰幼兒腦部發展。

我之所以將這篇研究，分享給各位新手父母，除了想更新各位的觀念，還想降低父母的擔憂。母乳對於智力並沒有直接影響。對兒童智力最大的影響，主要來自母親的智能與社經地位。

　　小孩有母乳喝當然不錯（也許省點錢，也許增添親密感），但若因為條件限制，需要餵食配方奶的話，也不用杞人憂天，頂多增加一點成本，多花一點奶粉錢而已，**小孩在智力上的表現，並不會因為沒有喝母乳就跟不上別人**。想要自己小孩的智力高，前提是自己的智力要夠高才行！

使用奶嘴與哺乳之間的關係[2]

　　這同樣是一個論戰不休的話題——「使用奶嘴會不會影響哺乳時間的長短」。

　　更細緻的說法是：使用瓶餵、杯餵、奶嘴等人工哺育的方式，會不會影響母體哺乳持續時間長短

（指持續餵奶到小孩幾個月大，而非單次餵奶的時間長短）。大家各自有不同的意見，連世界衛生組織與美國小兒科醫學會的意見都是相左的。

從一九八〇年代開始，世界衛生組織（WHO）與聯合國兒童基金會（UNICEF）聯手發布〈成功哺乳的十個步驟（Ten Steps to Successful Breastfeeding）〉，其中第九條就是「禁止給予哺乳中的嬰兒人工橡皮奶嘴」。

後來，這十個準則也成為母嬰親善醫院的基礎，在全世界推展開來。臺灣雖然不是會員國，但很多大醫院的婦產科，都按照這個標準走。

但是，美國小兒科醫學會則鼓勵新生兒使用奶嘴，尤其睡覺時使用，可以降低嬰兒猝死症（Sudden Infant Death Syndrome；SIDS）的發生率。這裡的睡覺是很廣義的，包含餐與餐之間的小睡，與深夜的長睡。

看到這邊，讀者可能覺得困惑。當兩個皆具有公信力的單位，提供互相悖反的論點時。身為家長該如何權衡？

我的作法就是「找證據」。

閱讀過相關的資料後，我發現不論是世界衛生組織（WHO）、聯合國兒童基金會（UNICEF），或美國小兒科醫學會所提出的建議，都無法從品質良好的研究中得到證實。這種結論跟沒做一樣，但是科學暫時性的結果，常常就是——「這樣做是有幫助，只是幫助不大」。

因此，**在臺灣生活的媽媽，要是工作環境與時間允許哺乳或擠奶，還是鼓勵盡量餵到小孩六個月大為止。**這是世界衛生組織與聯合國兒童基金會都建議的。

此外，**在研究中我也看到，餵母乳的方式不需刻意限定，採取親餵、瓶餵、杯餵都可以。**真有餵

奶方面的困難，用奶嘴一樣也達得到安撫的效果。在睡覺時使用，可能還會得到一個附加好處——「防止嬰兒猝死症發生」。

　　總之，身為新手父母還是放寬心就好，不用過度苛責哺乳持續的時間，也不要因為使用奶嘴來安撫小孩，就萌生自責感與挫折感。

❶ 文獻資料參考：Walfisch A, Sermer C, Cressman A, et al. Breast milk and cognitive development—the role of confounders: a systematic review. BMJ Open 2013;3: e003259. doi:10.1136/bmjopen-2013-003259
❷ 文獻資料參考：O'Connor NR, Tanabe KO, Siadaty MS, Hauck FR. Pacifiers and breastfeeding: a systematic review. Archives of Pediatrics and Adolescent Medicine 2009; 163(4): 378-382.

Part 3
實戰分享篇

如何安撫 0～6 個月嬰兒的深夜哭鬧？

讓小孩10分鐘內安靜下來的攻略

哭鬧是嬰兒不舒服時，唯一的表達方式。

白天啼哭，大人處理方式可以有多種變化，如轉移小孩的注意力，當小孩注意到其他事物，安撫起來也比較順利。但大半夜哭鬧，常常成為新手父母最為棘手的問題，一方面大人精神已經不佳，另一方面嬰兒哭聲宏亮，一哭驚天動地，全家都不得安寧，無形之中將造成額外的壓力。

我們家的雙胞胎，在滿月回到家時，也有相同問題。尤其是姐姐，深夜就是一場考驗，我們猜不到：今晚她會哭多久。每晚都在進行無止盡地消耗戰，看戰到最後，大人或小孩誰先倒下去。

當時，我們就跟一般新手父母沒兩樣，沒有任何經驗，對於育嬰（兒）似懂非懂。我是盡量運用自己學過的心理學知識，試看看到底有沒有效。

手忙腳亂卻事與願違的實驗過程

剛開始，我們想得很美好，以為父母各抱一個去睡，不要互相干擾，她們就可以安安穩穩地一覺到天亮。但是，試了一次就知道「完全失敗」。

因為嬰兒睡覺偶爾會發出哼哼唉唉的聲音，一有風吹草動，大人忍不住就會起身查看。導致大人幾乎整夜沒睡，連帶白天也昏昏沉沉，當然就無法在白天，協助小孩消散多餘精力。

我們知道不能這樣下去。一旦大人睡眠不足，做起事來就會力不從心，精神不集中，注意力也渙散，什麼事都做不好。我們不只因為這樣打破了一隻玻璃奶瓶，還常泡錯奶。

有時，兩個同時哭起來，也真的顧不得細菌互相傳播的問題，一瓶奶水第一個喝到剩三分之一，就拿給第二個喝，等她們哭鬧稍稍停止，再去泡第二瓶，也是兩個小娃一起分享。

　　後來，我們試著讓兩個小娃睡同一間房，一個睡左邊，一個睡右邊。不過這個方法還是不佳，因為他們的情緒是連動的。一個大哭時，另一個會用手搗住耳朵一直搖頭，可能是在說「三更半夜怎麼還有人不睡覺，哭那麼大聲」。

　　不死心試了幾天，發現她們是輪流哭的，好像有隻無形的接力棒，傳到誰，誰就要表現一下。

　　最後，我們決定把她們分開──妹妹睡客廳沙發床，姐姐睡房間。好不容易獲得一、兩天清閒，以為好日子就要來臨，可惜事與願違。

姐姐對於獨自留在房間睡覺，明顯抗拒，入睡前又是一場奮戰。這很難預測，完全靠運氣，甚至跟小孩的活動量不一定有關。

　　有時哭個五分鐘就自動睡著，有時耗上一兩個小時也說不定。或者先給個面子，乖乖睡上一個小時，但一小時後就起來做亂，這種情狀最辛苦，做父親的總要先打醒自己，才有辦法起身處理，是哪一個小孩的哪根筋不對勁。

　　網路上流傳很多對付嬰幼兒深夜哭鬧的方法，其中一種是百歲醫師教的「就是不要理嬰兒，讓他哭一段時間，自然就會停止」。

　　說穿了，這是行為理論應用——當一個行為得不到反應，便會自動削弱（extinction）。這種方法不是不好，但家長要有心理準備。要很有耐心、等得夠久，哭聲才會停止。

當初，姐妹同睡一房、輪流哭時，我便試過此法。不過，我實在狠不下心，讓小孩一直大哭卻不理不睬（嬰兒的哭聲，是會讓父母柔腸寸斷的），於是我稍微改良百歲醫師的方法，改成三分鐘進房看一次，但對小孩的回應變少，看過後就離開。就這樣反覆了三十分鐘，小孩的哭鬧才停止。

　　但是，事情總是出人意料，一個哭完，另一個在旁邊觀察了半小時之後，換她不高興了，居然也大哭起來，我只好繼續奮鬥。

　　這是雙胞胎家庭，或同時撫育兩個年紀相仿的嬰兒時，最大的困難點，每天半夜一直這樣練功下去，也不是辦法，只好找尋其他更佳的解決方法。

┃只要10分鐘，小孩就能安靜下來

　　親身實驗過後，才知道這確實是個非常辛苦的過程。我覺得最無效的，就是完全安靜的環境。

我家姐姐的反應，就是很好的例子。當她獨自待在安靜的小房間中，哭的時間往往比熟睡的時間還多，只要進到極度無聲的環境，過不了十分鐘，肯定又是用大哭當抗議。

　　直到看到《讓小baby不哭不鬧的五大妙招》這本書❶，我才明白發生了什麼事。

　　原來，安靜無比的情境，就像是把小孩推進櫃子裡、關起來一樣，都被關禁閉了，當然大哭大鬧。**嬰兒的睡眠環境，並不需要完全無聲。過度寂靜，在他們的感覺中，是荒涼而空盪的。**

　　要讓零～六個月的嬰孩覺得溫暖而安全，應該是要模仿母親子宮的狀態。此書就提出十種模仿子宮環境的建議方法：①摟抱、②舞動、③震動、④包緊、⑤白噪音或歌聲、⑥開車兜風、⑦到戶外走走、⑧餵奶、⑨奶嘴、⑩搖晃。

並不是每種方法都適合在三更半夜使用，如大半夜開車出去兜風。雖然，我真的曾經試過在半夜二點，推著嬰兒車到大樓中庭閒晃，但附近住戶都睡了，照明很有限，要在燈光昏暗的地方行走，確實不太方便。

我常使用的方法是：包巾包緊、吸奶嘴與陪伴（這項是我自己加上去的），白噪音則當成後一道防線。我的兩個小娃用前三個方式，大約十分鐘就可以安靜下來。雖然她們並不一定可以馬上睡著，還是會踢踢腳、轉轉頭。但只要能平靜下來，對父母而言，已經是最大的安慰。

「包巾包緊法」是要讓小孩擁有沉浸在懷抱之中的感覺。包巾的包法有很多，我用的是最簡單的一種。拿一塊正方形的紗布浴巾，擺放成菱形狀，

接著將小孩放到包巾上，下邊的角往上摺蓋住手、腳與身體。接著，左邊的角往右摺，盡量塞到小孩的身體後面。最後，再將右邊的角往左摺，也盡可能塞到小孩的身後。

　　對大人而言，這個包法快速、方便、安全，不用太複雜的學習，很快就能上手。對於小孩而言，這種包覆方式，並不會很緊，只要反覆晃動身體，掙脫包巾的情況還是有。

　　小孩掙脫了，其實沒關係，因為那時大概也累了，不久就會自動睡著。雖然有的時候，小孩成功掙脫後會大哭，但就次數來講還算少（至少是我這個爸爸還可以忍受的範圍）。

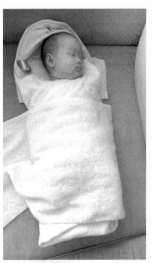

利用「包巾包緊法」，讓嬰孩有沉浸在懷抱的感覺，自然能安穩下來，快速入睡。

「吸奶嘴」是啟動小孩自我安撫的方式之一。有些家長基於種種理由，禁止小孩吸奶嘴，如養成壞習慣、過度依賴、乳頭混淆等。這未免過度擔憂，因為大部分的小孩，都可以順利戒除奶嘴。

嬰兒是會逐漸長大的，他們會隨著年紀，找到其他的自我安撫方法。像我的小孩三個半月時，已經不太依賴奶嘴，嘗試吸起自己的手指，有時還吸到嘖嘖作響，忘我至極，我還以為吃到什麼銷魂的東西呢！

「陪伴」不只加強親子間的親密感，還能讓嬰孩擁有安全感（這個方法與包巾包緊、吸奶嘴是共同存在的）。當我用包巾包好兩個小娃之後，就會坐在她們中間等待一段時間。時間不長，約三～五分鐘後，她們慢慢進入夢鄉，我就會離開。

這段期間，我不會做其他的事情，單純地坐著等她們逐步安靜下來。這麼做的理由，只是想增加我們的親密感，並讓她們知道「父母隨時都在身邊」，與摟抱的效果相似。

「白噪音」是利用微量噪音，模仿嬰孩在子宮時聽到的聲音，他們反而睡得安穩。這個方法我很少使用，因為就大人而言，這是很吵雜的。

所謂白噪音是指無意義的聲音，如吹風機、吸塵器等機器的運轉聲音。這些聲音與小孩在子宮中聽到母親血管血流的聲音很相似，因此這種聲音，反而會讓嬰孩覺得安穩而睡著。

真的想要運用這個方法的話，最好是使用錄音的方式（長度約二十分鐘左右）。因為不管使用吹風機或吸塵器來製造聲音，運轉久了還是會發熱，不免有危險疑慮。

使用白噪音時，音量要大到壓過嬰兒的哭聲才行，這樣一來，小孩才會停下來聽。白噪音的效果還算不錯，但變成大人必須忍耐。想像一下，同一個空間裡，有人用吸塵器在吸地毯，還持續將近二十分鐘。這並不是多悅耳的聲響。

　　另外，音量大小也要逐步調整。當小孩慢慢停止哭鬧，就不用這麼大聲的白噪音來吸引嬰兒。可能每十分鐘，就要調低一次音量，累得還是大人，要是在大半夜就更難熬了。

---

❶ 《讓小baby不哭不鬧的五大妙招》哈維・卡爾普（Harvey Karp）著，2005，天下文化（2005）出版。當時我在參閱此書時，該書已絕版，我是在圖書館借到的。

如何幫助 6 個月以上的嬰幼兒入睡？
建立睡眠儀式，並持之以恆執行

　　小孩漸漸長大，原本可行的睡眠好方法會漸漸失效。在我家雙胞胎身上，最快變得無用武之地的是「包巾包緊」與「白噪音」。

　　六個月之後，包巾再也包不住姐妹倆了，只要抖抖腳、扭動一下身體，很快就掙脫出來，任憑我們壓再緊都沒用。我跟太太本來就不是太嚴格的那種人，也沒有拿別針或束帶去固定包巾。之前小孩小時，就不曾想過，大了當然也不會這樣做。

　　白噪音會沒有效用，主要是小孩的活動力變強了，一個翻身，一個伸手，馬上就把錄音筆放入口中。放在嘴巴中的錄音筆，聲音變得唏哩呼嚕，效

果大打折扣。有次，她們隨手亂按按鍵，不過幾分鐘，馬上複製成四個檔案（手腳比我還俐落，這個功能我還不會）。我試過改用手提音響來播放，但效果不太好，當小孩對於聲音逐漸敏感好奇，一樣會想辦法玩弄這個發出聲音的大東西。

本來，還以為我江郎才盡，變不出把戲了，一個大人想破頭，居然搞不定兩個未滿周歲的嬰孩。還好天無絕我之路。

▎相見恨晚的「睡眠儀式」

有一次，白天難得有時間發呆，腦海中突然跳出「睡眠儀式」的概念。原來，我並沒有忘記所學，只是被慌亂的生活掩蓋了而已。我回過頭查詢，還沒有小孩前，寫過的相關文章。那時是有家長在門診詢問，而事後我覺得自己回答得不盡理想，就去找篇論文出來參考，因而有此篇文章的誕生。

大約從雙胞胎六個月大後，我們就改用「睡眠儀式」的方法。太太戲稱這是「賤招」，還怪我怎麼不早點拿出來。這個方法的基礎，就是行為理論（可參考〈行動知識庫一〉）。嬰幼兒也可以這樣做，比方說睡前從事一些靜態活動，讓身體知道：接下來就是要睡覺了，不能再玩下去。

每個人的「睡眠儀式」都不同，但一旦建立，最好不要任意更動步驟，並記住要持之以恆。

我家是這樣做的：

先把兩個小孩的房間準備好——棉被備齊，關掉電燈。之後，一個大人幫姐妹倆更換尿布，一個大人去泡奶。換完尿布，奶的溫度也降得差不多。接著，關掉客廳與飯廳的電燈，只留廚房小燈，在昏暗燈光中餵奶。小孩邊吃邊入睡，吃完也大概睡著了。最後，抱上床呼呼大睡，完美結束一天。

這一頓，我們就沒有拍嗝了。若讀者不放心，可以讓孩子吸奶嘴，吸奶嘴有助於將胃中的空氣排放出來，不用擔心嬰兒因氣管憋住而猝死，與拍嗝有異曲同工之妙（美國的小兒科醫學會是建議新生兒吸奶嘴的，因為可降低嬰兒猝死發生率）。

自從改用這樣的方式，約九成五以上的機率能成功讓小孩入睡。偶爾當然會失手，但多半不會兩個一起鬧，所以，遇到失手狀況，也只要專心對付一個就好，輕鬆很多。我想，要是只有一個嬰孩的家庭，成功的機率應該將近百分之百。

每天小孩入睡（大約九點半後），就屬於大人的時光，可以偷閒做點自己想做的事。

不過，運用睡眠儀式後，我發現一個難以預期的事件——嬰兒深夜起床哭鬧。我家的姐姐，大部分時間配合度都很高，就像個天使嬰兒，叫她睡就

睡，叫她吃就吃，半夜也很少起來哭鬧。但問題在於，我家同時還有另一個嬰孩。有人來報恩，就有人來討債，老天爺是很公平的。

一個星期大約有一半的時間，妹妹三、四點就會起來當報曉雞，非得將大人都吵醒不可。大部分的時候，用奶嘴與輕拍便能讓她再度入睡。但如果安撫的時間過長，萬不得已，我還是會讓深夜食堂開張——在極端昏暗的燈光下餵奶，讓小孩可再進入下一次睡眠循環。

▌讀《好想睡覺的小兔子》，小孩卻沒睡意

《好想睡覺的小兔子》（The Rabbit Who Wants to Fall Asleep）這本書的中文版於二〇一六年二月在臺灣上市了，家有小小孩的家長，對此非常關心，期待藉由本書，找到讓「嬰幼兒睡眠問題」一勞永逸的方法。

二〇一五年，這本書英文版上市時，不但在國外造成風潮，還紅來臺灣。於是，很多懷抱實驗精神的心理學專家，嘗試在自己小孩身上試用，但效果似乎不是很好❶。

　　我也是搶先閱讀英文版的好奇讀者之一。讀了之後，發現《好想睡覺的小兔子》是企圖以放鬆概念，營造一種催眠的感覺（放鬆是催眠的基礎，不能放鬆的人，就不可能被催眠）。書裡使用的語氣與詞彙，都是在加強睡眠的氛圍。這正是出自於睡眠儀式的概念。

　　說穿了，如果講故事真能幫助家裡的小小孩趕緊入睡，那不一定要讀《好想睡覺的小兔子》，只要把握「愈講愈無聊」的原則，每本書都可達到相同的效果。但我家雙胞胎對《好想睡覺的小兔子》應該是免疫，因為我們不在睡前講故事，這件事並無法提醒她們「睡覺時間到囉」。

順帶一提。由神經科學得知，「講故事給小孩聽」這件事，牽涉到的是「認知學習」。因此，**挑小孩清醒、精神好的時間講故事，所說的故事才有可能觸動他們大腦學習。**

▎搭配生理時鐘，儀式只需15分鐘

營造睡眠氛圍時，我會簡化睡前步驟，在十五分鐘內完成所有事。先泡奶、喝奶，之後上廁所、包尿布，接著清口腔，最後全家一起上床。小孩當然不會一上床就睡著，但不超過十五分鐘，就會進入夢鄉（多數睡眠科學研究顯示，正常情況下，人約在十五～三十分鐘內會睡著）。

有疑慮的人，會覺得「睡眠儀式」不易建立，甚至，讓整個過程長達一、二小時。這時，先思考一下「大人怎麼睡覺的」，就會發現這些對於睡眠儀式的疑問，完全是搞錯方向了。

成年人想睡覺的時間，通常是會與生理時鐘配合的。早一些，晚上十點就想睡了；晚一些，過了午夜才會想睡。每個人覺得「睡得夠飽」的時間也不同，像拿破崙每天只需睡四小時，愛因斯坦卻要睡到十小時以上。

　　不論幾點想睡，只要是「想睡覺」的時候，睡眠儀式就可以很短。稍微準備就能睡了，不必拖到一、二個小時❷。嬰幼兒也是，想睡時間到了，不可能撐太久，很快就會睡著。

　　不過，就算用了符合行為理論的睡眠儀式，也不能保證每次都成功。一週有個一、二天例外，是很正常的。小孩又不是機器人，關了機就可以停止運作，當天的活動量、是否誤吃咖啡因相關食物、是否使用藥物、有無照到太陽❸，都會成為影響因素。我家雙胞胎就曾經因為喝到茶，搞到十一、十二點才睡著。

想起來，處理小孩的睡眠問題，並沒有想像中困難，真正的問題反而是落在大人自己。當深夜被吵醒，要想再度進入熟睡，往往變得困難重重。白天可能會因為精神不濟，狀況連連，如健忘、腦筋一片空白。這是育嬰衍伸出來，大人自身要面對與克服的課題。

---

❶ 可參考〈想睡覺的兔子讓你家寶寶入睡了嗎？〉http://pansci.asia/archives/83999

❷ 每次都拖上一、二個小時才睡著，且每星期三天以上有這種情形，並持續三個月。那很可能是「睡眠節律」有問題，應該要尋求專業協助。

❸ 太陽光可以幫忙校正松果體，讓松果體正常釋出褪黑激素。褪黑激素可以幫助我們入眠。

行動知識庫三
如何進行嬰幼兒的睡眠訓練？

　　統計數據顯示，嬰幼兒至學齡前的階段，大約有20～30％有睡眠問題[1]。年紀小一點的小孩，主要狀況是「睡到一半，突然起來哭」，六個月左右的小孩約25～50％有這樣的問題。大一點的小孩（約兩歲以後），問題會轉變成「入睡時有困難」，他們會想盡辦法，拖延該上床的時間，用哭的、大吵大鬧，或突然想起「一定要去做某事」，要求吃東西、喝飲料、講故事等。

　　假如大人無法適當處理小孩的睡眠問題，常會搞到很晚，搞到自己精疲力竭，甚至陷入失眠或憂鬱的境地。

針對嬰幼兒的睡眠問題，最有效的辦法是使用行為理論的治療模式，以削弱（extinction）為出發點，藉此為原則衍生出以下三種處理方式：①哭到死就會停（cry it out）、②「哭到死就會停」調整版、③睡眠儀式。這些方式，是爸媽在家就可以試著進行的。

哭到死就會停（cry it out）

這是百歲醫師推崇的睡眠訓練，相信很多爸媽都嘗試過。做法是小孩只要上床睡覺了，任何風吹草動都不予理會。當然，不是完全不理睬，還是得密切注意小孩是否有危險、受傷或生病（生病還這樣玩，就是虐待了）。

此方法常見的阻礙是「父母因無法承受或忍受小孩的哭鬧，一下子就破功」。另外，父母雙方的忍耐力不一致，也很難達到效果。

還有一個令人沮喪的情況是，搞到最後反而大人自己生起氣來，完全不想再忍耐小孩的反應，先扁一頓再說。這個時候，小孩只會哭得更大聲，所有問題又回到原點。

　　「哭到死就會停」的方法，其實並不是所有家庭都能成功。因此，奉勸各位父母，若真的無法忍受、捨不得小孩哭泣，或嘗試幾次都沒效果，也別刻意勉強，試試其他方法為佳。

「哭到死就會停」調整版

　　「哭到死就會停」調整版是從原版的「完全不理」，改良成「固定的時間點，進房看一次」。例如，每三分鐘進去看一次，每次就看十五～六十秒，時間到就離開。反覆進行，直到小孩睡著。並可隨小孩的進步程度調整時間，改為十一～十五分鐘看一次，甚至更久也沒關係。

進房看時，與小孩的互動盡量少，讓小孩知道「你只是要看他一下，不會多做其他事情」。這樣做的目的，是要讓小孩找到可以自我安慰的方式，進而能在獨立情境下進入睡眠。

睡眠儀式

建立「睡眠儀式」，是一種促進睡覺的辦法，大部分的人，約十五～三十分鐘的準備儀式後，就可以順利進入睡眠狀態。

多數的大人其實會在不知不覺中，建立一套屬於自己、幫助睡眠的儀式。睡覺之前的某一些準備工作，就是要用來告訴自己的身體「等一下要睡覺囉」。當然，每個人做的事情不見得一樣，有的人會整理一下書包（公事包）、整理一下床鋪、換上睡衣、洗臉刷牙、看書、聽一點音樂，接著就是關上電燈、上床睡覺。

若想解決小孩的睡眠問題，爸媽就可以協助小孩，在睡覺之前從事一些靜態的活動，透過這些活動，小孩的大腦會慢慢告訴身體「接下來就要睡覺了，不能再玩了」。

替我家雙胞胎建立「睡眠儀式」之後，她們大概都能在十五～三十分鐘內進入夢鄉。如此一來，大人有時間做自己的事，心境上也輕鬆不少。

以上三種方法，都屬「行為介入」模式。根據回顧性研究，**約80%的小孩，在透過行為介入來進行睡眠訓練，三～六個月後就會有明顯改善。**

　　家中寶貝有類似睡眠問題的困擾，家長不妨自己在家先嘗試看看這三種方法。如果依然處理不來，再考慮求診小兒科，由專業人員調整作法或給予建議。畢竟，知道「原則」與知道「如何適當執行」間，常會有一小段落差。也許跟專家們談談，就能找到問題出在哪裡了。

---

❶ 參考資料：Mindell JA, Kuhn B, Lewin DS et al. Behavioral treatment of bedtime problems and night wakings in infants and young children. SLEEP 2006;29(10):1263-1276.

拚命贏在起跑點，0歲就要開始衝刺？
別被未經驗證的說詞給迷惑了

　　近來，最常被詢問的是，關於零歲小孩的教養問題。可能剛好身邊朋友同學都來到結婚、生育的年齡，會有疑問，是可以想見的。

　　很多的父母常對坊間說法、謠言、迷思感到困惑，不知如何是好。猶有甚者，被無所根據的言論與規矩牽著鼻子走。

　　有時，還會有年紀稍長、經驗稍豐的人，仗勢自己養過幾個小孩（樣本數搞不好很低，頂多是自己養過，加上觀察過親友小孩），就積極指導，甚至過度干涉。這往往也是年輕（新手）父母育兒時的困擾之一。

例如，「三歲定終身」的奇怪說法，認為「三歲以前小孩就定型了，三歲以後很難再改變」，這根本毫無來由。我猜，大概是某個廣告嚇死人不償命的誇大宣傳吧！

　　我會這麼說，是有科學根據的。

　　就遺傳概念來看，精與卵結合的瞬間，雖然確實決定了很多「以後不能改變」的事情。但是，這個受精卵所擁有的，只是基本藍圖（生物學稱「基因型」），有這樣的基因，不代表會表現出來。基因在不同環境之下，會有不同的狀況（專業術語叫「表現型」）。即使是單基因決定的疾病，仍然會有許多不同的外顯結果。

　　因此，基因無法決定的事可多了。以目前研究呈現的資料，基因影響能占到六～七成就算高了，後天環境仍有三～四成的力量。

舉個簡單的例子。天生慣用右手打擊的棒球選手，透過從小持續訓練，是可以變成左打者的。但是，訓練為左打之後，有沒有辦法跟右打時一樣犀利，又是另外一回事了。

　　我們家雙胞胎雖是同卵雙生，基因完全一樣，卻打從娘胎開始，個性就很不同。妹妹的胎動是拳打腳踢，姐姐則沉穩動個幾下。出生後，妹妹活動力明顯較強，強到出生剎那，還抓住待產室中的繩子。後來觀察發現，妹妹睡眠時間比姐姐短，姐姐即使在清醒狀態，踢腳、晃動次數就是較少。

　　人的發展是連續性的。小孩不會突然會算微積分，他必須先有一些基本的了解，才有可能進一步做進階的事情。此外，還得考量到小孩整體的成熟度，**過早提供太多不必要的訓練或刺激，對嬰幼兒將是巨大的負擔。**

零歲小孩「吃飽睡好」是最重要的，醒著時就帶出門隨意玩玩看看，與其求好心切，去博物館、美術館、展覽場，不如找個空地逛逛繞繞，小孩還比較高興。像我家雙胞胎只要抱到嬰兒車上，馬上面露喜色，對於各式商店也相當好奇，舉凡到水果店、雜貨店、便利商店、百貨公司，都會興致高昂地看來看去。

　　父母為了不要輸在起跑點，總會想盡一切辦法讓小孩提早學習。但接觸過多的課程，只是揠苗助長、適得其反。

　　最後的結果很常是「大人負氣，小孩受罪」。小孩累壞了，父母的一番好意流諸大海。

　　有人說過，「人生，本是一場長長久久的馬拉松」，終點在哪裡沒有人知道，一出生就要求小孩衝刺再衝刺，就算真的贏在起跑點，但最後到底是要衝去哪裡啊？

我發現，有蠻多育嬰（兒）迷思是商人為了利益而塑造出來的。因為可靠的實證結果，遠不及商人行銷的影響力，即使販賣的是毫無邏輯的夢想，卻能成就父母毫無基礎的虛榮。

　　還記得前陣子很流行、可以算是風靡全世界的「莫札特效應（Mozart effect）」嗎？

　　曾經有人主張「在懷孕期間聽莫札特的音樂，小孩就會變聰明」。這個效應提出後，加上商業的炒作，馬上就讓國內國外不少家長為之瘋狂，指定購買莫札特的演奏專輯。然而，近幾年已經很少聽到「莫札特效應」，少到幾乎快被人給忘了。理由很簡單，因為嚴謹的後設研究，一一分析的結果，驗證「莫札特效應」根本不存在。

　　這是科學最真實的力量，也是威力萬鈞的存在，就像索爾的武器雷神之鎚一般，不實的炒作最終只能化為泡影。

即使基因一模一樣，我家雙胞胎卻各有各的性格。打從娘胎就個性迥異的姐妹倆，難得出現「同步」的情形。

黑白卡片能促進嬰兒的視覺發展？

「黑白卡片能促進嬰兒的視覺發展」這件事，在我的求學與執業生涯，還真的從未聽聞。一直到我成為父親，在某次坐月子中心安排的講座後，才聽太太說的。

開講前，得知主講人為出版社業務，我就有不祥預感，想必多多少少會添加商業成分在裡頭。於是我便藉口要剪頭髮，趁機開溜。倒是太太比我認真許多，不只參與整場，還抱回一大堆資料跟我分享。我聽了她轉述「黑白卡片如何能刺激嬰兒的視覺神經」的說法，覺得非常不可思議，決定自己先查查相關資料再說。

先承認，當學生的時候，我是常在課堂上睡覺，但不至於睡到連這麼重要的研究都沒聽到吧？

我設法拿到《發展心理學》的原文課本，把關於「視覺發展」的那一段，重複看了幾次，發現課本寫的與講座的說法，有很大落差。

在書中，我看到兩個研究與此議題具相關性。第一個研究是「說明嬰兒是喜歡系統性與對比性的物件」，若真要以視覺停留的時間長短，來排列喜愛順序的話，第一名是人臉，第二名是報紙，第三名是同心圓。而較不能引起嬰兒興趣的是「沒系統性的物件」，如只有單純紅、白、黃等顏色（R.L. Fantz,1963）。第二個研究是「嬰兒喜歡將他們的視線固定在物體周圍，以及黑白交界處」（Salapatek & Kessen,1966）。

無論如何，這些相對來說較為可靠的研究，並未提及「黑白卡可以刺激視覺發展」。

假如刻意誤讀研究內容，也該選擇人臉或報紙來刺激嬰孩，比較說得過去。也就是說，若真有心要促進嬰孩的視覺，多抱抱自己的小孩就行了，無需花錢購買無實質助益的商品。

不過，我還是很有實驗精神。

在雙胞胎滿一個月時，我便把當初太太在講座上取得的黑白卡數張，用在她們身上。沒想到，她們根本毫無興趣，甚至一看黑白卡，就打哈欠或閉上眼睛（真有乃父風格）。到後來，黑白卡反而成為讓她們睡著的方法之一。

說真的，養育嬰孩不需要過度干擾，讓小孩自然地長大才是最好的模式。

很多業者，也許就是看準為人父母對於嬰幼兒教養的求好心切，把很多不需要刻意訓練就存在的能力，當成商品來大力販售。一時不察，很容易就成為業者眼中的肥羊。

習慣獨占，是不懂事的表現？

公平的爸媽，教出愛分享的小孩

　　臨床門診中，我聽過很多父母，針對幼兒階段「如何教『分享』」有很多困惑，尤其，在同時有兩個以上、年齡相仿的小孩的環境下。這是我及每位新手父母都得面臨的課題。我將個人的想法整理於此，期待對讀者有所助益。

　　小孩在一～三歲時，不想與他人分享東西是很正常的。家裡有個跟自己差不多的兒童，自然造成小孩的生存壓力，獨占東西只是很單純的生物性反應。對他們而言，家長的愛、自己心愛的玩具或食物等，都是獨一無二的，怎能分給別人。

小孩不太可能天生下來就存在分享概念,他們心裡想的是「這是我的,幹嘛給別人」。所以,肯定會有一段磨合期。

　　看到小孩爭搶的行為,大人當然要出面制止。制止之後要記得說明,更要藉機教育。

　　像我們家的雙胞胎就是如此,有什麼東西,都是先搶了再說,幾乎天天都在搶東西,或吵或打。如果剛好目擊現場,我們會盡量站在衡平的角度,讓事情有公平處置。有時小孩接受,但有時不行。遇到其中一方不接受的情形,我們會使用「好寶寶貼紙」攻勢:聽話的人,等一下可以貼一張公主貼紙。但這個方法不會每次都有效果,要是遇到無效的狀況,我們就轉移她們的注意力,不再繼續堅持「一定要分享」這件事。因為不是大人堅持到底,小孩就願意讓步。很多時候,往往只會讓場面更僵、更無法改善或控制。

假如小孩手上有吃的東西而另一個小孩沒有時，可以請有東西的人，先分一小部分出來，不要一下就要求「一人一半」。玩具也可以這樣做，讓小孩選擇願意分享出去的，當然，小孩都很聰明，他可能會選一些不好玩或不重要的小玩意兒。這都沒關係，至少他踏出了一小步。**大人除了要引導，還要即時鼓勵小孩的分享行為**（像我們家是用好寶寶貼紙，每個家庭都可以找到合適的小東西）。

小孩看到別人玩什麼，想搶來玩是正常的。年紀小時不需太在意，但三歲之後，爸媽就要開始引導他們「如何分享」了。

此外，**同時有年齡相近的小孩在場，大人的公平性是很重要的**。要什麼東西，兩個人都要有，而且要盡量一樣多。家長還要做的，是再次保證——爸媽的愛，並不會因為有另外一個小孩就偏心。愛，則應該反覆地在生活中表現。

說實在的，這有時對成年人而言，是相當困難的事。人本來就會在有意無意間，特別偏愛某件東西或喜歡某一個人，這是人性，沒辦法一下子就解決。大人要先自己意識到這件事，才能有所改變，才能實踐「公平對待不同小孩」的態度。

教導分享的概念，可以透過遊戲方式進行。如扮家家酒。跟孩子一起玩，把概念藏在遊戲之中，幾次之後，小孩就會慢慢知道這件事情很重要。對親子情感也有加分作用。

像我就會加入雙胞胎的遊戲。有一陣子，她們很喜歡玩搭火車的遊戲，我們三個人就輪流搭火車，輪流的模式會讓遊戲變得有趣。還有一陣子，雙胞胎喜歡玩躲貓貓，當然是三個人輪流當鬼，大家都有機會可以抓人，也都有機會可以躲起來。

　　很多常見的兒童遊戲，就是「教分享」很好的媒介，我和小孩一起玩，一起享受樂趣，一起沉浸其中。小孩年紀小，能聽懂的有限，我們盡量不用刻板教育的方式（大人講、小孩聽），而是藉由日常生活中的機會，讓小孩學習。

　　若家裡只有一個小孩，到公園或遊樂場，跟其他小孩玩，小孩也會遇到「需要分享」這件事，過程中，多的是需要等待與分享的機會，像溜滑梯要排隊、溜完一次要等其他人都溜過才能再溜，盪鞦韆也是。畢竟，**人生是不可能獨享所有好處的，與人相處必須學會並習慣「分享」。**

不論用什麼方法，不要期望教一次就有效，反覆再三地教，小孩才可能學會，而且要他的身體、大腦夠成熟才行。**以發展心理學而言，大約要到三歲以後，「分享」的觀念才有可能建立起來。**千萬不要一心急，就用打罵，以免適得其反。

行動知識庫五
與其懲罰，不如教小孩負起責任

懲罰是很多大人喜愛使用的方法。

「做錯事，就打下去啊。」有時，不只是家長習慣這樣做，甚至要求學校、安親班比照辦理。希望用「處罰」來處理小孩所有過錯。

比起打、罵，小孩做錯事（假設弄壞了玩具）時，家長需要教的是：好好地負起責任。這裡所謂的「負責」，是指對整個事件的後續發展，做到自己所能做到的部分，肩負起應盡的責任。

別認為「那道歉就好了啊」。因為道歉是最基本、非執行不可的步驟。但是，不是道歉就代表事

情告一段落，只怕是口口聲聲說對不起，心態上並無致歉的意圖。強求而來、口是心非的道歉，並不具任何意義。

家長錯誤的處理方式，肯定會影響小孩。「說句對不起就沒事了」，很多大人就是這樣教小孩，小孩也許可以很快地說出口，但心不甘情不願，說是說，心裡可沒有致歉的打算（搞不好想：那是我的玩具，壞就壞了，幹嘛要道歉）。爸媽的作法無助於教小孩負責。

當然，家長總會期望「小孩的錯事，不要再有下次」，於是，道歉的下一步就是懲罰，藉此讓小孩得到警告，下次就「不敢了」。有些爸媽完全掉入「不打不成器」的迷思中，想著透過處罰，小孩就會變乖變聽話，挨打、罰站、罰跪、罰跑操場、勞動服務、抄寫課文都有。

仔細想想，這些懲罰跟小孩做錯的事情或讓他能改進，一點關係也沒有，根本徒勞無功。**事實上，處罰不只效用有限，還會造成嚴重後果**。例如，大部分受過體罰的小孩，會學到「使用暴力」這件事，其他該學的，反而沒學到。

被懲罰的小孩，常陷入哭泣和生氣之中。在這樣的情緒下，要解釋或教導小孩「為何做錯了」，是不可期待的事。本來可以趁機說明「何謂不適當的行為」，教導「有何替代的行為」、「如何善後與彌補」……，但這時的小孩，往往因為處（體）罰而情緒爆走，整個人沉浸於憤恨、敵意、痛苦中，大人也許同時受到影響。本來可以學習的機會，就這樣錯失了。

體罰還會愈演愈烈。當「打一下」小孩已經不會怕時，可能要變成打三下、打五下，最後，搞不

好打到棍子斷掉了、衣架變形了、皮帶掉漆了、塑膠水管斷裂了，小孩才會怕。這樣的程度已經嚴重傷害兒童身體，可説是虐待了。新聞報導上滿身傷痕的孩子，大概就是這樣來的。

　　有很多大人説，改用「讚美」或「説理」之後，效果不如懲罰明顯。原因是什麼呢？

　　因為習慣使用體罰的大人，長久下來，早被小孩歸類為恐怖的大人了。這樣的大人是小孩心中嫌惡、討厭的存在：不管説什麼話，只會被當成耳邊風，小孩一點都不想聽進去。

　　讚美要有用，説理要有效，前提要小孩喜歡這個大人。當小孩願意尊敬説話的這個人，才聽得進一字一句，正向的改變才會發生。

　　回想一下，過去的求學經驗，為什麼循循善誘的老師上的課，學生會有意願主動學習呢？

因為學生喜歡這位老師，會成為一股努力變好的動力；反觀嚴厲的老師，罵人罵到狗血淋頭，只是讓學生倒盡胃口（想要我念這科，門都沒有）。道理就是這麼簡單。

至於，要如何才能變成小孩喜歡的大人呢？其實，並沒有想像中困難。

大人想扭轉自己恐怖的形象，最簡單的方式就是「向小孩釋出善意」。與小孩開啟正向互動，建立彼此間的良善關係。幾次互動之後，這層關係才會逐漸穩固。成為良好、小孩喜歡的大人，才有可能扮演「站在正義的那一邊」。

不然，每次事情一發生，就只能嚴厲地責罵或處罰小孩，永遠都是在扮演「惡魔黨」的角色，怎麼可能會有翻身的機會？

做錯了事情，負起責任才是最重要的。小孩弄壞玩具，除了誠心誠意的道歉外（再強調一次，這是最基本的），還要想辦法彌補做錯的事。如修補好玩具。無法修好的話，有什麼替代方案。就跟車禍意外一樣，不是肇事一方道歉，就能了事的，後續還要到醫院探視（表示道歉）、雙方約定和解與賠償等事宜（釋出誠意與盡力彌補）。

學會「如何負起責任」，才能將錯誤引導成學習契機，讓小孩預演如何進入公民社會。能做到上述原則，懲罰也就沒存在必要了。

家有嬰幼兒，就不能出遠門？

攜帶嬰幼兒搭機與旅行的攻略

▌旅行，是最悲傷的歡愉

我們在雙胞胎滿兩歲前，去了兩趟東京。

第一次鼓起勇氣，帶著兩個小娃兒出國，是夾著探親名義的旅行。此行最主要的目的，是參加小姨子的婚禮，因為大部分是家族活動，人多好辦事（照顧），採自由行方式。好險，小姨子沒有嫁得太遠。之前，聽一個朋友說，他家親戚嫁去智利，光想到坐飛機就害怕，一飛就是三十六小時才會抵達（還不算轉機時間）。

另一次，是雙胞胎快滿兩歲，只有我跟太太兩個大人，估量之後，決定跟團。

坦白說，跟團那一次，讓我有很深很深的無力感。我還在思考，未來是否要再帶她們出去，走一趟未知的旅行。

先來談談我們跟團旅行時遇到的困境。

原本，我對於跟團與否，本來就沒有太大的成見，也深刻明白旅行團的存在，有它的意義。「團體行」因為設想好所有食宿、交通、行程，參加的人大概可以放空一切，專心照顧小孩吧。

出發之前，我們詢問有過類似經驗的朋友，設想了一些可能的狀況。很不幸地，它們都發生了，而且無一倖免。例如，行程安排得太緊湊、吃飯吃得太趕、休息不足、車程過長，與在某些時間壓力下，不得不妥協一些事等。最主要還是在於一個非常現實（殘酷）的基本面：我們夫妻倆，帶了一對雙胞胎。

加上出門在外，凡事都要父母親自上陣，只能二打二，很難找到人換手，偷閒休息一下。大人沒有足夠的休息，無形之中，情緒就會往負面走，怒氣就會慢慢累積，找到爆發機會，另外一個大人，就必須承受。

　　因此，我建議**不管跟團或自助，至少要多一個能換手的人力。刻意安排的這個人，不只讓主要照顧者短暫喘口氣，還能幫忙照料行李和處理雜務。**若整趟都是一打一、二打二、三打三……，真的是修行之旅，鍛鍊體力與耐力了。

　　以我家的經驗為例，每到一個景點，光是上下遊覽車，就令人頭皮發麻。先要將雙人座嬰兒車扛下車，接著上車拿隨身行李，最後，還要把兩個小孩綁上嬰兒車，才算準備完成。還沒開始走逛，體力先折損兩成。匆匆晃完景點，上下車步驟全部倒轉，再來一次。

還有更折騰人的。我們去了五天，有四天在下雨。有時，甚至大雨滂沱，雨大到我連傘都懶得撐了（撐了還是溼答答）。於是，很多時候是雨水夾雜著汗水（這時，不知道還有沒有淚水可流，也許想哭但是哭不出來），只好咬著牙走下去。

　　旅途中，兩個女孩的配合度高嗎？只能說，勉勉強強。姐姐只要有機會從嬰兒車解放，能踏到地面，每到一個新地方，就幫忙「擦地板」，或趴或坐，在地上大鬧磨蹭。妹妹則是看心情，高興時像個天使，不高興時也天怒人怨。

　　另外，她們在旅程中，幾乎沒吃到正餐。因為吃飯時間一到，不是姐姐不吃，就是妹妹不吃，或姐妹合作力量大，兩人都不吃。我想，應該是我們夫妻為了平息哭鬧，在非用餐時間，不停地提供餅乾零食的緣故，光吃這些就吃飽飽了，正餐當然不

可能乖乖吃了。偏偏途中不給點東西吃，姐妹不受控，可能又寸步難行。

後來的正餐時間，我們不再費盡心思勸小孩開金口（吃飯），只要有一個不肯吃，就改採一打二策略——一個大人先把兩個小孩帶離座，到一旁遊戲、納涼去。好讓另一個大人安心吃飯，吃飽再說。

畢竟，眼前就是有兩個小小孩要照顧，總不能大人小孩都一起餓肚子吧！

旅行結束後，我問自己：帶著小小孩去旅行，到底是為了什麼？我們彷彿正在體驗著保羅・索魯（Paul Theroux）所說的——「旅行，是最悲傷的歡愉」。不只是換了一個地方帶小孩，也換了一個地方挑戰自我極限。也許，錯過很多值得欣賞的地方或故事，很多紀念品沒買到……。但，這是我身為新手爸爸經驗人生的方式。

整趟旅程以來，我們父母經常是悲喜交集。跳脫在家大眼瞪小眼，全家一起出來逛逛，生活有共同體驗，人生也增加不一樣的經驗。

有時，異於日常的刺激，會讓小孩出現不同回應。旅程第一天，我家大小姐就因為舟車勞頓、不太高興。回飯店後問她「好不好玩」，她竟馬上走到門口、拿起她的小鞋子，大喊「我要回家」。

但某天住到豪華飯店，反應又完全不同了。一開門她就心情甚好，瞄到窗外獨特的半月形飯店，及不遠處閃爍的摩天輪，馬上跑到落地窗旁，大喊「好漂亮啊」（如此精美華麗的形容，大概是她生平第一次使用）。

說真的，比起大人獨自出遊，帶小小孩去旅行，真的有很多很多的不方便，這絕對是要先有的心理準備。但縱使有不便，多半就會像這樣，因為小孩的驚奇反應而煙消雲散。

旅行，是為了跳脫日常，往不尋常飛奔而去。小孩能在不尋常中，接收有趣的新鮮事，活化僵固的大腦，而有不同的體驗。保羅・索魯所言不假，「旅行，不只會悲傷，也有歡愉」。

攜帶小小孩的搭機攻略

　　帶未滿兩歲的嬰幼兒出國修練，小孩與父母可以說是生死與共、休戚相關，所有要求只要能降，都降到最低，只求順順利利、平平安安，能活著就好。這個體驗，雖微不足道，卻實在地幫助我，往前踏出實驗性的一小步。我把旅行的感想，稍做歸納，給有「帶嬰幼兒出國」計畫的新手爸媽，做為行前的參考與建議。

　　帶著兩歲以下的嬰幼兒坐飛機，首要的考量是舒適。一家大小都舒舒服服地，絕對是首要條件。

因此，若經濟許可，建議買商務艙等級以上座位。商務艙等級的機票，有很多好處。

第一個是機場報到時，幾乎不用排隊。像我們出國剛好遇上連假，一早的機場報到大廳，跟菜市場沒兩樣。要是跟著超長、無盡頭的排隊人龍，估計光排隊就超過一小時。這時就慶幸自己有多花點小錢。要是拖著這兩個小孩，加入這條排到天荒地老的隊伍，相信很快就會崩潰。

第二個是順利過了海關後，若時間許可，還有貴賓室可以使用。不過，當我們帶著女兒、駝著一家行李、通關、走到登機口時，已逼近搭機時間，只好很識相地直接上飛機。

第三個是座位大，活動空間比經濟艙寬敞。兩歲以下嬰幼兒搭飛機，不用付全額機票錢，也不占位，小孩要跟同行的大人坐一起。商務艙座位大上許多，一大一小坐起來相對舒適。

舒適，是帶小小孩出國，首要考量的重點。商務艙的位置空間大，一大一小坐起來比較舒適。這張照片是在起飛前，替兩個塞在同張椅子的女兒拍的。

不過，這件事想來挺累人的，因為飛航安全規定，很多時刻（如飛機起降、亂流、特殊狀況等），大人必須一直一直抱著小孩。沒養過小孩的人大概很難體會，小孩不是「你要抱，他就給你抱」，有時大人愈想抱，他們愈掙扎。

到後來，我們實在是無計可施，只好在無立即性危險的情況下，將小孩放在地板上，像小狗一樣窩在大人腳邊，這才讓她們稍微平靜一些。

不過，這其實是違規的。空服員也上前勸說好多次。我們當父母的也無奈，想要守規矩，小孩卻一直哭鬧，不設法讓她開心，她就嚎啕大哭，惹得全機坐立難安。這實在是沒有辦法的辦法了。我總不能跟空服員說「那讓我們出去走一走好了」。三千英尺的高空，能走到哪兒去？

　　再來，**大人搭機前，一定要吃飽喝足。**有人可能覺得很奇怪：「都花錢買商務艙了，不就要好好享受餐點嗎？」

　　會這樣建議，是因為我知道，上了飛機之後，吃飯時間不一定能順利吃飯。小孩乖乖的還好，一哭鬧起來，大人連吃飯的時間都沒有。搭機前先吃飽喝足，至少還有精力跟小孩耗。若是餓著肚子，小孩又不高興，血糖低落連帶情緒低落，大概又會崩潰到想要「跳機」了！

我們家的妹妹，就硬是在回程大鬧一場。即使我把身上能玩的都掏出來逗她了，千金二小姐不領情就是不領情。

　　我試著抱著她在機上散步，不過，因為是737客機機型，只有一個中間走道，能走的範圍實在很有限，能安撫的程度也是非常有限。一連串又哄又拐又騙，手上的牌，早就出得差不多了。無奈小孩絲毫不肯罷休（不給她老爸面子），大人也來到耗竭的邊緣。

　　無計可施之餘，我突然想到讓她喝奶看看。真的只是湊巧試一試，不抱任何希望。畢竟，她們姐妹跟著大人一起吃飯吃很久了，坐飛機前也才吃過正餐。平常的日子，喝奶只是早上起床與晚上睡前的餘興節目。沒想到，最後居然成功用奶把她給打暈了，真是始料未及。

最後，**要為「耐力戰」做足功課與心理建設。**
飛機上，父母能用的把戲其實不多。一方面顧慮玩
過頭會影響到其他乘客，施展不開。另一方面，嬰
幼兒的不可預期性過大，有時候就是不高興、不舒
服，很難去控制小孩的脾氣，即使拿出平常最愛的
奶嘴、玩具，在空中就是行不通。雖然，飛機上也
會為小小孩準備一些小東西，但不見得能獲得他們
的青睞。搭飛機有一個困難點在於「無法回頭」，
不像其他交通工具，可以隨時喊停，即使搭火車、
公車，也能先下車，安撫成功再上路。上了飛機就
是一條不歸路，方法用盡，只能等到抵達目的地，
才能變出其他把戲。

　　與一歲以下的嬰兒相比，一歲以上、未滿兩歲
的小小孩最難伺候。這個階段的小小孩，活動力變
強了，自主意識也變高了，但是卻聽不懂人話，只
能用哭鬧表達。

說起來，整個搭機過程就是折騰，不停地在訓練父母的體力與耐力，同時也鍛鍊羞恥心，先把自己的臉皮築地像銅牆鐵壁一般，才能在小小孩難以安撫的密閉機艙內，抵擋異樣與關懷的眼光。

Part 4
身心發展篇

與發展量表的狀況不符，就是發展遲緩？

讀懂使用說明，爸媽不再瞎操心

近年來，父母對家中寶貝的身心發展狀況愈來愈注重，也學著透過某些方式來觀察，小孩是否有發展遲緩的問題。〈簡易兒童發展量表〉因為取得便利（每一本兒童健康手冊中都有附），常常被拿來當成兒童發育進度的指標，父母也會套用到自家小孩的身上。

雖然說〈簡易兒童發展量表〉的使用說明很重要，在〈兒童健康手冊〉中卻完全省略不提。也因為這樣，不少父母在使用期間膽顫心驚。其實，使用說明歸納整理之後不過300字，閱讀後再使用，就能讓各位父母的操煩減少一點[1]：

這個量表的發展目的，並不在於精確的診斷，而是以一個簡易的篩檢模式，配合兒童預防接種的時間，一併評估。

每個階段皆有四大領域、十個小題，每題10分，評估後，大約90％的小孩都能得到90分以上。其中某個階段僅得到80分的話，的確需要注意，但只是要父母多加觀察。

真正需要進一步轉介的狀況，是「要連續兩個階段，在同一個領域，有兩個項目未通過」。舉例來說，若在「9個月大」階段，語言溝通領域中的「轉向聲源」及「發出單音」都未做到，而且到了「12個月大」階段，在同一領域中的「以揮手表示再見」、「模仿簡單聲音」也未能做到，才可能是有發展問題。此時，便需要進一步找尋專科醫師進行相關檢查。

由此看來，偶爾有一階段拿不到90分，並不表示災難來臨，小孩可能在下一個階段就趕上了，所以不需要特別緊張。

　　我真看過有些家長，缺一題就覺得自己小孩不如人，衝動地要送去治療。給予小孩過多的訓練，往往只會讓他們更挫折。且最後真正需進行療育的個案，約占3～5％而已，其他95％以上是沒問題的。爸媽實在不必過度擔憂。

　　嬰幼兒的發展快慢，本來就因人而異，不可能所有的小孩都像書上寫的那樣，幾個月大就立刻做到某些事。要求每個小孩一致，是不切實際的。況且，也不是發展愈快愈好，有時，發展太快也會衍生出其他需要擔心的問題。

　　截至二〇一六年為止，我在第一線工作經驗累計將近十年，常常有這種感概：

人生漫長，並無起點，也無終點。全部的人都是在黑暗中跑步，輸贏都只是一時的。把時間的跨距拉大了，很多事情，很多無謂的比較，都是過眼雲煙，並不是那麼重要。

---

❶〈簡易兒童發展量表〉最初發表於《經簡化的臺灣兒童發展量表之設計及其臨床試用》，有興趣的讀者可自行找尋該篇章，裡面能告訴父母很多重要的事。

衣服買多大才穿的久？尿布要買什麼SIZE？

對照生長曲線表，爸媽購物不失手

　　有了小孩後，家長間常交流的訊息是「哪裡有特賣會」，尤其，賣衣服和賣尿布的，最能引發爸媽興趣。逛特賣會時，家長的共同困擾大概是「今年買的衣服，明年能不能穿」、「這個size的尿布能用到幾個月，要扛幾箱才夠本」。

　　這兩個問題，著實困惑非常多的家庭。如何才能預估小孩身體的發展情況呢？

　　類似問題，我太太也問過我很多次。一開始，我就是胡亂算算、隨意估估。後來，覺得還是「科學」一點，從現有的醫療資料中來找答案。

若以醫學相關的知識來看待，問題似乎很好解決，只要拿〈兒童生長曲線〉對照就行了。

〈兒童生長曲線〉就在兒童健康手冊中。家長會用到這個表，多是小孩去打疫苗、健康檢查時，量量身高、體重、頭圍，爸媽藉此數據去對照，就可以知道自己的小孩，落在哪一個百分位。而醫療人員亦是以此來看嬰幼兒的生長是否過於遲緩。這是正式醫療上的作法。

這邊我要提供把〈兒童生長曲線〉當成預估工具的妙招。若想要替嬰幼兒買「未來」所需要使用的東西，就可派上用場，而且七歲以前都能這樣估。大部分小孩身體發展有一定機制，不會因為今天吃很多，明天就突然胖起來；也不會因為今天睡很多，明天就突然長高。要是真能像吹氣球那樣，相信爸媽就不會養得那麼辛苦。

當一個小孩幾次健檢，都落在15th，之後大概就是按這個生長曲線在走，不太可能突然「爆走」。成長狀況在短時間出現大躍進，如猛然從3－15th變成85－97th，直接跳了兩個區間，就算是生長過快，最好去看醫生，聽聽醫生建議。

舉例來說，一個一歲半的女孩，若今年冬天的生長曲線落在15th（身長77公分），接下來的幾年，大概也就會照著15th的曲線來走，由此推估至隔年的冬天，身長約長到87公分。要是爸媽希望所買的衣服，能讓她多穿一年，就可以考慮買適合身長90公分的size。

運用這個方法，能省去在櫃位前猜測半天，或聽店員推估的時間，買錯的問題也能大幅減少。買非當季的衣服時，這個方法也很好用。

兒童生長曲線百分位圖（女孩）

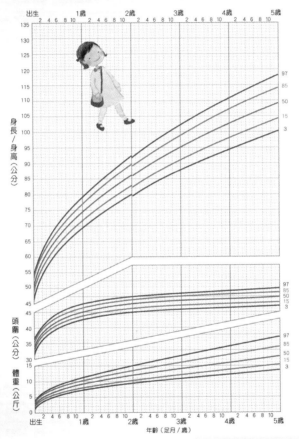

（資料來源：國民健康署）

尿布的選購，也是同樣的道理。尿布的size通常要看嬰幼兒的體重，而體重的預估，一樣可以運用〈兒童生長曲線〉。

以一個一歲半、落在15th這個曲線的小女娃為例，當下大約是9公斤。依上述方式來預測，一直要到兩歲五個月，才有機會長到11公斤。也就是說，家長可以在特賣會上，一口氣準備十一個月M號尿布的用量。

像我家生雙胞胎，一次兩個，什麼東西都要double，一個月就要用掉一箱尿布，我當然一次就是先買十二箱再說（不過，還是要考慮家裡的空間，有地方放才買）。

尺寸	體重
新生兒用	5KG以下
S號	4〜8KG
M號	6〜11KG
L號	9〜14KG
XL號	12〜17KG
XXL號	16KG以上

使用科學的方法，去推估小孩的生長發育狀態是可行的。當父母的，每天都會遇到各種問題，認真想一想，大都能找到有效的解決方式，其實不用每次都毫無章法、白忙一遭。

行動知識庫六
小孩何時需要專業的協助？

　　傳統觀念對於精神疾病的汙名化，讓許多家長將精神科或兒童心智科視為畏途與禁忌。就像古人說的「生不入官門，死不入地獄」，這事最好這輩子都不要有接觸（不能問，也不能說），直接從生活中絕跡。有如看見毒蛇猛獸的態度，並無法根除人與心理疾病的關係。唯有坦然面對，才有機會獲得實質上的協助。

判斷小孩問題的簡易四準則

　　就算願意面對與求助，還有一件事讓家長傷透腦筋，就是「小孩的行為與狀況是否異常」。

最簡單的準則，是透過：①頻率、②強度、③持續時間、④跨情境等方向去檢視。藉此除能判斷小孩就醫的必要性，也能在就醫之後，提供給專業醫療人員作為參考。以下就用「小孩出現不專心的情況」為例，補充說明。

　　頻率，是指「某項問題發生的頻率與次數」。像看看小孩是「每天都不專心」，還是「偶爾才不專心」，更進一步則是觀察小孩「一個星期內，不專心的情況，大約出現幾天」，或「寫一次（項）功課下來，會分心多少次」等。

　　強度，是指「某一項問題的嚴重程度」。一樣的問題，嚴重程度不一定相同。不專心的小孩做功課、分心一段時間後，有些會「完全忘記眼前正在進行的事」，有些則「能勉強回神，自己繼續寫功課」。藉由事情發展的差異，就能判斷前者的問題強度更甚於後者。

持續時間，是指「從問題發生開始，已經延續多久時間了」。從發現小孩有不專心的情形，到目前為止有多少時間了，是三個月？六個月？還是說，有三年、五年這麼久了呢？

　　跨情境，是指「問題不只在同一情境發生，而是很多情況之下都會有」。小孩不專心的表現，不只是在寫功課時，在上課、玩遊戲、吃飯時，也有相同的問題。另外，還要觀察小孩是「無時無刻、任何情況」下都會不專心，還是「只出現在一、兩個特定的情境」。

　　詳細理解以上四大面向，有助於家長初步判斷小孩問題的嚴重性。就我多年的臨床經驗，在門診心理衡鑑❶初次遇到的個案中，並非所有的小孩都很嚴重，有些時候是家長過度擔心。

現代因為資訊取得便利，Google大師又被多數人視為神，於是，挺多家長不是將問題直接丟到網上提問，就是打打關鍵字，搜尋資料。甚至，有些自以為天才的家長，會根據網路訊息，自行診斷自己的小孩符合「哪一個疾病準則」。這種作法當然無可厚非。同樣身為家長，我也同樣擔心小孩，難免操之過急就下了判斷。

單憑網路資訊而下的診察，肯定有誤差。除了正確性與完整性有疑慮，也可能由於專業不足，而誤解某些專有名詞的意義。

符合三個狀況，請積極尋求協助

但也非鼓勵爸媽假裝小孩沒問題，或找理由讓小孩的異常合理化。當懷疑小孩的狀況不合乎常理時，求助專業是絕對必要的。那麼，什麼樣的狀況，最好盡早就醫比較恰當呢？

家長可以從：①小孩的問題已經持續三～六個月、②不分場合常被投訴類似問題、③小孩的人際關係出問題，甚至被欺負等層面來判斷。若三者都符合所述，就是在提醒爸媽，家中的寶貝需要進一步的處理了。

小孩的問題持續三～六個月，都未能改善，就醫是必要的。這時的家長應該用光了任何可以使用的方法，變不出把戲了。無奈小孩卻教也教不會，學也學不來。養育出現問題的小孩時，時間一久，大人便容易失去耐性，動不動就會發脾氣，最後，想都不想直接用罵的、吼的、體罰的。當大人已經感覺疲憊、沮喪、身心俱疲、處在放棄邊緣，最好盡快尋求協助。

或者，**在家裡以外的情境，不論場合，小孩常被投訴類似的問題或狀況。**最明顯的是學校老師、安親班老師等，都曾反應過小孩的問題（不是某個

老師對小孩有偏見）。又或是鄰居、玩伴、同儕的家長反覆反應小孩又闖了禍、惹了麻煩等。

另外，**小孩的人際關係出問題，甚至被欺負，也是一個警訊**。也許是朋友愈來愈少，又或是被同儕欺負、排擠。如在各種課程安排的分組時，小孩總是落單，成為餘數；外出時，就像個遊魂一樣，到處盪來盪去，無法加入同儕的遊戲，也沒人理他、邀他一起玩。讀幼稚園是這類問題最能被發現的時間點。因為大部分的幼稚園，並不會以學科為重，都是用遊戲、分組活動等方式進行學習。有狀況的小小孩，很容易出現所有同學一致排擠的問題。千萬不要以為「小孩的世界很天真爛漫」，其實，他們的世界更為直接、更不假修飾。很多幼稚園老師是很敏銳的，只是多數的家長不能接受小孩有狀況，也不願意面對，就是拖在那裡，希望長大就會好。

提醒諸位家長，在求助專業人員的過程中，最好由監護人或主要照顧者陪同。 小孩的問題最好親自到場說明，才能獲得最恰當的協助。

　　臨床門診時，我就常遇到大人以沒空、沒辦法請假為理由，隨意請一個親戚代勞。這個親戚，一旦說不清楚、講不明白小孩的狀況，就醫的過程，就只是白費力氣、浪費醫療資源而已。

　　醫療人員並不是「神」，若所提的問題，得到的答案都是模擬兩可、不夠確切，要做出正確的判斷，可以說是難上加難。

　　「早期發現，早期治療」不只是一句口號，愈早確立小孩的問題在哪裡，並進一步進行相關的療育活動與工作，才有可能真正處理、幫助小孩盡早脫離困境。

第一次就診應該要掛哪一科？

在臺灣，家長很少第一時間，就帶小孩去看醫生。他們會先問問看別人的意見，徵詢的對象多是生活中常接觸的親戚，問一下別人家的小孩，是不是也有相同現象。若得不到具體的答案，就再往外看看朋友間有什麼認識的人，可以問問看。這樣下來，多半還是得不到答案。繞了一大圈，還是得尋求醫療專業的協助。

當家長下定決心、要尋求專業協助時，常有一個共有的困惑是「該掛什麼科」，或「除了看醫生外，其他可以做的事情還包含什麼」。

第一次就診，家長也許基於某些原因，如長輩反對、自我心態（我的小孩又不是精神問題）等，不願意直接到「兒童心智科」就診。

我覺得那也沒什麼關係。要是去了小兒科或復健科，醫師覺得無法處理的話，肯定會幫忙轉診。但有家長就是不滿意醫師的判斷（如一般家長最不願接受的自閉症），因而又自行到其他醫院就診，企圖尋找一個自己能夠接受的診斷。一路奔波的結果，只會聽到愈來愈多不好的消息，最後只能崩潰接受事實。

　　其實，以臺灣醫療的訓練水準，差距並沒有這麼大。家長想參考第二意見是人之常情，不過，要連續好幾個醫療人員都看走眼，也不是這麼容易的事。以為會聽到不同（比較好）的結果，答案卻總是非常殘酷。我由衷建議，積極進行後續的治療，才是最佳的選擇。

　　假如是六歲以下的小孩，某些較大的醫院會開設「早期療育聯合門診」，並集合相關科別醫師，如此一來，家長便能在同一個看診時段，接受完整

的評估與諮詢。但經過該次門診，後續若需持續治療，一樣得回歸到固定的門診就醫，如單純肢體問題的，就回到小兒復健科；有心智方面問題的，就回到兒童心智科。

部分醫院會成立「兒童發展復健中心」，集合所有治療師（物理治療師、職能治療師、語言治療師、臨床心理師等）在同個單位運作。但回診時，仍須各自回到不同的門診進行。

除了醫療專業，還有哪一些專業協助？

各項的專業協助中，醫療協助雖然只是其中的一環，但這一環是很重要的。**一旦家長要向學校、社會爭取相關資源，往往必須檢附醫師的診斷書。唯有固定回診，醫師才能了解小孩的病情。**

兒童心智科相關之疾病，常需多次回診、做過多種檢查評估，才能確立診斷。醫療人員不是測字

的，總要有一些科學證據支持，才能下判斷。若突然跑到某一個門診，要求當下開出身心障礙手冊或醫療診斷書，實在強人所難，大多數的醫師根本不可能答應。

其他專業協助，像是在外開業的臨床心理師、學校特教及輔導資源、家長團體、社工團體等。每一項專業，能協助的部分都不太一樣。

社工團體可了解地方政府提供的社會福利與資源。透過**家長團體**，能與有相同困擾的家庭接觸，不只可以互相支持，也可以聽聽過來人經驗，獲得實質意見。**學校特教及輔導資源**則因校而異，有的學校資源較豐富的，會有資源班或特教班供特殊兒就讀，或有輔導系統介入幫忙。至於，**在外開業的臨床心理師**最可以提供個別化的服務，並針對個案情形，給予適當的諮商與治療。

最佳理想的狀態是，醫療資源、社會福利、學習資源、心理服務等適當的整合，提供有困難的個案多樣化的服務。

當然，**專業協助不是愈多愈好，需考量小孩可以負荷的程度。**若每次接受治療回來，都有不適的反應，如大發脾氣、在半路就睡著、抱怨治療師、找各種藉口不想去治療等，就是負荷量過重了。若有這種情形，選擇一～二個治療進行即可。選擇原則是要以能解決小孩目前最大困擾為優先，如果該治療能提供充足、優質，且與小孩可建立合作、信任關係，那這樣的治療就應該持續。太多的治療有時會互相干擾，反而造成小孩或家長困擾。

---

❶ 心理衡鑑是臨床心理師用來評估小孩狀況的方式，內容包含病史了解、家長會談、小孩會談、行為觀察、心理測驗等。

自閉症患者的症狀，並不包含「暴力行為」！

認識自閉症，友善對待這個少數族群

　　「二〇一四年五月，一位患有自閉症的24歲個案，在搭乘臺北捷運時，不甚碰觸其他乘客，卻因不善言語，導致多名民眾誤解，以為他將要做出什麼驚人之舉……。」從新聞事件中，就可以明顯得知，社會大眾對於自閉症（或其他精神疾病）的錯誤觀念，已到了杯弓蛇影的地步。若還停留在獵奇、窺探、恐懼、鄙視的角度，便無法打開心房，進一步了解這些「少數族群」。

　　自閉症的特有症狀包含：人際互動障礙、語言問題、重複刻板的行為或興趣。必須三項皆存在，且經過專業醫療鑑定才能算數。

患有自閉症的小孩，多半會逃避跟他人眼神接觸，也不知「如何與他人適當互動」。講出來的話，沒有多少人聽得懂，有時甚至難以辨識屬哪國語言，經常沒有任何文法結構。

　　此外，他們重複刻板的行為或興趣，則是個案表現上，變化最多端的部分。例如，有的小孩喜歡看食譜，無時無刻都在看；有的小孩喜歡火車，各式各樣的火車型號都記得；有的小孩喜歡學電視上的人說話，不管是英文還是廣東話，他想起來時，就會講個一兩句（這樣的狀況，常常會嚇到其他不了解的人）；有的小孩喜歡摳自己的傷口，所以手上腳上到處是傷疤；有的小孩對於某些聲音過度敏感，如對某些低頻聲音感到刺耳。

　　以上並不包含「暴力行為」。自閉症患者喜歡獨自一個人，害怕與人來往，因此，根本不可能對一般民眾做出什麼不利的事。

自閉症（Autism）常被誤認為「很自閉」，喜歡關在家裡、晝伏夜出等，有些人甚至認為「宅」也算是自閉。但「自閉症」與「自閉」這兩個詞並不相等。「自閉」只是個形容詞，「自閉症」則是一種疾病名稱。

　　全球的自閉症流行率大約為1%左右，幾乎世界各國的狀況都差不多，不太會因為環境不同，就突然變多或變少。先前就曾有一個新聞報導，誤指使用3C商品，會增加自閉症的發生率。這根本是不可能的事。

　　此外，一般人還常以為「自閉症患者，就必然會有一項特殊才能」。如電影《雨人》中的主角雷蒙，就擁有萬年曆功能（告訴他幾年幾月幾日，他就能說出星期幾）、計算機功能（告訴他某數的三次方，他就會知道結果是多少）。

實際上，擁有特殊能力的自閉症個案，實屬少數，這群人被稱為「高功能自閉症」，約占自閉症族群的5～10％。沒錯，就是這麼少，與生俱來的特殊才能，並非所有的自閉症患者都可擁有。真正殘酷的現實是：多數自閉症患者，反而是合併智能不足的現象。

　　隨著社會的進步，關於自閉症的電影❶、紀錄片、書籍，已有增多趨勢，這絕對是讓一般民眾認識此疾病的絕佳途徑。心理障礙者常是沒有選擇的權利，畢竟，精神方面的困難，不像肢體殘缺，容易為外人所見，但並非「看不見，就不存在」。唯有足夠的認識，才有可能建立一個寬容的社會，包容這個族群。

---

❶ 若有興趣了解自閉症，可觀賞以下電影或日劇：《遙遠星球的孩子》、《雨人》、《馬拉松小子》、《與光同行》、《自閉天才》、《星星的孩子》。

行動知識庫七
身障手冊上的疾病，可以選擇嗎？

　　如果家裡的小孩，真的要領身心障礙手冊，那麼，手冊上的疾病可以選擇嗎？要寫「自閉症」，還是寫「智能不足」？不同的名稱，是不是會有不同的待遇？

　　這真是個大哉問。要是可以選，當然選「不要生病」最好。不過，會罹患什麼疾病，說實在沒有選擇的餘地。今天能選擇要感冒，但不要喉嚨痛、流鼻涕嗎？還是選「可以請病假，但不要不舒服」的病呢？天下哪有這麼好的事（假如真有這種病，請務必通知我）！

乍聽這樣的疑問，我的第一個想法是「要寫什麼哪能自己決定」。疾病的存在，很多時候是「現在進行式」，得藉由門診，來確定是否符合某一項的診斷。確診之後，才有助於判斷治療小孩時，該採取A計畫，還是B計畫，或是再等等看，觀察一陣子再來說。

　　很多兒童時期的身心疾病，確診之後，常會跟著小孩一輩子，並無根治方法，如PDD（指自閉症傾向）、智能不足、學習障礙、ADHD（指注意力不足過動症。目前研究仍有爭論，有人認為此症狀不會痊癒，會一直存在於個體之中，直到成人）。

　　以專業角度建議，疾病的描述愈詳盡愈好，也就是「個案有什麼情形，就寫什麼」。若是自閉症卻只寫智能不足，是無法呈現出疾病全貌的。自閉症患者約有80％會合併智能不足現象，兩者皆有的話，肯定能寫就寫，不要偏廢。

單純自閉症或單純智能不足，與兩者同時存在的狀況，並不相同。既然兩個同時發生，就兩個都寫。只挑其中一個寫，個案可能會被誤解，甚至，在各種社會福利或教育資源的安排上，被錯置到不適合的地方去。畢竟，每種疾病所需要的資源不太一樣。從最簡單的「上學」這件事，就能看出差異。大部分學校的特教班，只有收智能不足的學童，自閉症學童必須送到更特殊的班級去（不是每個學校都有開設收自閉症的特教班）。

　　臨床上，我接觸過很多的家長，他們寧可小孩是智能不足，而非自閉症。理由很簡單，因為他們情願要一個「呆小孩」，也不要一個「怪小孩」。一般認為，有自閉症的小孩是難以理解與親近的，加上他們的許多作為，並不是一般人可以了解或接受的，像是有一些孩子的特殊興趣，有時就會造成大人的困窘與尷尬。

我就看過一個兒童的個案，他最大的樂趣就是玩手指頭，一玩就玩得很起勁，自然會發出聲音，因而引來旁人側目。他的媽媽為了不想讓他繼續這樣，就將他的手指頭用繃帶纏在一起，讓他玩不出聲音。當時，他連話都說得很少，完全沒有與人互動的動機。

　　總而言之，小孩的狀況，若是到了需要拿手冊的地步，還是盡量詳實記錄，才能真正幫助個案，逐步往前走。

寫給新手爸媽的七個備忘錄

當爸爸這麼久，而且還是雙胞胎的爸爸，其中不為外人所知的辛酸自然少不了。雖然，兩個女兒大體說來還算「不會太超過」，但三不五時哭鬧不休、滿地打滾，也常讓身為父母的我們，處於爆衝的邊緣。寫作時，我總是思考：在這樣七上八下的育嬰過程中，是否有一些可取之處，好讓新手爸媽免去部分的困擾呢？

沉澱了許久，我想，我能給予的，不是買什麼東西CP值最高，或什麼育嬰神器，一用就見效。而是在時間的淘洗之下，用專業篩過、親身經歷的內功心法，提供讀者們一點點良善的建議。

▌備忘1：先照顧好自己，才能照顧好小孩

說來容易，但能真正做到的爸媽，其實屈指可數。身負照看小孩的責任，能從育嬰生活暫時脫身的人，根本少之又少。

但是，無論如何都要想想辦法透個氣。做什麼事情都好，吃個東西、逛個街、看個電影、出去踏青，唯有接觸不一樣的世界，育嬰的人生才能得到喘息的機會。

不要抱持「當了父母，就是要永無止境奉獻」的想法。因為，奉獻到後來，犧牲掉的不只自己的青春，一不小心體力承受不住而倒下去，或忍無可忍而情緒失控，結果可是不堪設想。

我們家請育嬰假的方式，就是讓父母雙方都能有足夠精力，好好育嬰。雙胞胎一出生，我就先請了前面二年，將近15個月的時間，我是主要照顧者，深夜小孩一有哭鬧，幾乎都是我爬起來處理。

但仍會影響白天要上班的太太，我其實知道她睡得不安穩。後來，因為工作與育兒兩頭燒，太太承受極大壓力。我們討論之後，她在二〇一四年八月也開始請育嬰假（太太是中學教師，與我勞工身分的育嬰假是分開計算，並不衝突）。其中，我們都帶假的八個月，讓我們獲得極大的喘息空間。即使如此，一次兩個嬰要育，仍是巨大任務。我們總得先照顧好自己，才有精神照顧雙胞胎。

▌備忘2：先懂自己，再懂孩子，再懂教

坊間流傳著「先懂孩子，再懂教」，問題是，一個不懂自己的大人，怎麼懂孩子，更遑論要教小孩了。我在臨床門診上，就真的遇過很多父母，不只不清楚小孩的狀況如何，更不清楚自己到底「知道些什麼」與「不知道些什麼」，呈現一種瞎當父母的狀態。

網路上，常流傳一些很空洞的口號，如「當了父母，就知道怎麼去愛小孩」、「小孩生了，就知道怎麼養」、「小孩出生後，自然就會餵母乳」等宣傳式標語。這些東西其實是經不起深究的。光一個「愛」，就可以知道很多人都是亂愛一通。有些父母會把「愛」解讀成「對小孩無止盡的好」，卻忘記應該適時的放手，讓小孩嘗試各種可能性、促成小孩的發展。

▌備忘3：穩定自己的情緒

很多新手父母，因為小孩無來由的哭鬧，心中升起一股無名火。接著，所有身旁的人都倒楣，都成為出氣的對象。**若是發覺自己已在崩潰的邊緣，千萬要記得要「對外求助」，不要悶著頭自己生氣**。不然不只身旁的人遭殃，最怕是把氣出在小孩身上，就構成虐童行為了❶。

適時尋找合適的親友或保母幫忙看顧，才能有效緩和主要照顧者的情緒。情緒若無法平穩，就很難客觀、中立地看待小孩的行為。一有怨懟，就容易錯誤解讀小孩的各種反應。小孩會哭鬧，背後都有其脈絡可尋。大人不知道，不代表這件事情不存在。無法情緒平穩地養育小孩，更不用談進一步要教育下一代什麼了。

▌備忘4：與小孩建立良好關係

有的父母在外人面前長袖善舞，與人為善，但是一回到家，卻連跟小孩建立一些基本關係都懶。小孩看到大人，會希望分享當日的所見所聞。無奈不少家長，回家之後，還是死命盯著手機與平板，頭抬也不抬，怎麼可能跟小孩建立連結。**親子的連結一旦斷了，待小孩長大後才驚覺不妙、想修復，根本比登天還難。**

建立關係說來很簡單，但要身體力行也不是太容易。最簡易的方法，就是每天多花一些時間，跟小孩相處。他們想玩什麼，就跟他們玩什麼；他們想說什麼，就聽他們說什麼。此時親子之間沒有批判，沒有幼稚，更不是無聊。這段時間，所有話題與遊戲，都是可以接受的。像我家小孩，快滿三歲時，每天都在過生日、唱生日歌、假裝吹蠟燭、吃蛋糕。我沒有刻意導正她們的思考，因為在想像的世界裡，做什麼都可以被接納。

　　或許以大人眼光，小孩的言語與作為是百無聊賴，但別忘了，你與他的關係，就是在這樣的經驗中逐步增長。**良好的親子關係，在小孩的成長過程中，無比重要。**未來他們在歷經挫折時，才會願意回到父母身邊，跟父母講講自己發生的事。家人的支持，才可能讓失敗成為海闊天空的基石，而非只有玉石俱焚的選擇。

▌備忘5：降低對小孩的期望

中國曾經流傳一句話，「家長一心當豬，卻要望子成龍」。很多大人在下班回家之後，自己癱成爛泥的樣子，卻望子成龍、望女成鳳。

有一個的笑話，恰巧可以作為映照：

爸爸下班回家之後，看到小明在看電視，就把小明叫來訓斥一頓：「小明啊，人家美國總統林肯在你這個年紀時，就已經會就著爐火看書了，你怎麼還一直在看電視啊！」

小明冷冷地回應：『爸，美國總統林肯在你這個年紀，也早在當美國總統了耶！』

大人常出現的謬誤就在這裡——當不了總統，卻希望小孩有總統的樣子；飛不上天，卻要小孩一飛沖天；默默無聞，卻要小孩一鳴驚人。

備忘6：別把發展超前，解讀為天才表現

首次當父母的（或身旁的親友、長輩），常會過度解釋嬰幼兒的行為與特徵，而說出溢美之詞。一見到小孩多踢兩下腿，就以為是足球金童梅西的接班人。一看到小孩拿筆在紙上塗鴉，就以為是畢卡索再世。一聽到小孩多講兩個字，就以為辯才無礙的孟子重生。也許是這樣的想法，促成大人不切實際的期待與想望。

其實，不管男孩或女孩，以嬰幼兒身心發展的角度來看，常是進步一個階段，就讓人有種突飛猛進的感覺。**嬰幼兒的發展是多面向的，本來就是有快有慢，一味關注發展較快的部分，就很容易忽略不足的地方。**

我相信有很多的家長，在小孩一、二歲時，都會以為自己生到天才，但當小孩長到五、六歲，原本看似卓越非凡的「特技」，與同齡者相比，好像

也沒這麼突出。這並非「小時了了，大未必佳」，而是科學對照下，身心發展的必然結果。

▋備忘7：不要人云亦云

二十一世紀的現在，是資訊爆炸的時代。父母那一輩在養小孩時，所擔心的是資訊太少，而找不到方法。今日，卻走往另一個極端——資訊太多、太紛雜，不知道哪一個才正確。

父母的焦慮或恐懼，恐怕是助長網路文章廣為流傳的要素。很多摘文與報導，內容多的是似是而非的概念，真用科學的方法去檢視，用後設分析的角度去看待，就會發現很多的觀點，還有很大的討論空間。

與其花費太多的精神與時間在閱讀廢文，不如去尋找可信度更高的參考書籍與文獻。把時間與精神花在陪伴、教養小孩上，才是值得的。

走筆至此，我誠摯希望所有的新手父母，能抱持較為輕鬆的角度，面對育嬰的艱辛。

　　不需要金科玉律，也不需要眾口鑠金，以寬容的心態，不揠苗助長、過度期待，自然可以讓小孩慢慢探索，找到屬於自己的天地。家長也才能得到最好的慰藉。

---

❶ 先前國內某大學的醫學中心曾經做過一個調查：嬰幼兒致死率最高的意外，是從床上摔落，比車禍意外的致死率還高。明眼人看到這樣的結果，都知道背後真正的問題──很多父母送小孩去急診，都將兒虐謊報成「從床上摔落」。

心理師爸爸的 心手育嬰筆記

作　　　者 ▎ 林希陶
選　　　書 ▎ 林小鈴
企畫編輯 ▎ 蔡意琪
特約編輯 ▎ 丘慧薇

‥‥‥‥‥‥‥‥‥‥‥‥‥‥‥‥‥‥‥‥‥‥‥‥‥‥‥‥‥‥

行銷企畫 ▎ 洪沛澤
行銷經理 ▎ 王維君
業務經理 ▎ 羅越華
總 編 輯 ▎ 林小鈴
發 行 人 ▎ 何飛鵬
出　　　版 ▎ 新手父母出版・城邦文化事業股份有限公司
　　　　　　台北市中山區民生東路二段141號8樓
　　　　　　電話：02-2500-7008　　傳真：02-2502-7676
　　　　　　E-MAIL：bwp.service@cite.come.tw
發　　　行 ▎ 英屬蓋曼群島商家庭傳媒股份有限公司城邦分公司
　　　　　　台北市中山區民生東路二段141號11樓
　　　　　　書虫客服務專線：02-2500-7718；02-2500-7719
　　　　　　24小時傳真專線：02-2500-1990；02-2500-1991
　　　　　　服務時間：週一至週五上午09:30～12:00；下午13:30～17:00
　　　　　　讀者服務信箱：service@readingclub.com.tw
劃撥帳號 ▎ 19863813　戶名：書虫股份有限公司

‥‥‥‥‥‥‥‥‥‥‥‥‥‥‥‥‥‥‥‥‥‥‥‥‥‥‥‥‥‥

香港發行 ▎ 城邦（香港）出版集團有限公司
　　　　　　香港灣仔駱克道193號東超商業中心1樓
　　　　　　電話：852-2508-6231　　傳真：852-2578-9337
　　　　　　電郵：hkcite@biznetvigator.com
馬新發行 ▎ 城邦（馬新）出版集團 Cite(M) Sdn. Bhd.
　　　　　　41, Jalan Radin Anum, Bandar Baru Sri Petaling,
　　　　　　57000 Kuala Lumpur, Malaysia.
　　　　　　電話：603-9057-8822　　傳真：603-9057-6622

‥‥‥‥‥‥‥‥‥‥‥‥‥‥‥‥‥‥‥‥‥‥‥‥‥‥‥‥‥‥

封面設計 ▎ 江儀玲
內頁設計・排版 ▎ 吳欣樺
製版印刷 ▎ 卡樂彩色製版印刷有限公司

‥‥‥‥‥‥‥‥‥‥‥‥‥‥‥‥‥‥‥‥‥‥‥‥‥‥‥‥‥‥

初版 ▎ 2016年05月19日
定價 ▎ 300元
ISBN ▎ 978-986-5752-40-8

城邦讀書花園
www.cite.com.tw
Printed in Taiwan

國家圖書館出版品預行編目資料

心理師爸爸的心手育嬰筆記／林希陶著　-- 初版.
--臺北市：新手父母, 城邦文化出版：家庭傳媒
城邦分公司發行, 2016.05

　　面；　公分（育兒通系列；SR0086）
　　ISBN 978-986-5752-40-8　（平裝）
　　1.育兒

428　　　　　　　　　　　　　　　105007798